新・生命科学シリーズ

動物の生態
−脊椎動物の進化生態を中心に−

松本忠夫／著

太田次郎・赤坂甲治・浅島　誠・長田敏行／編集

裳華房

Evolutionary Ecology of Animals

by

TADAO MATSUMOTO

SHOKABO

TOKYO

「新・生命科学シリーズ」刊行趣旨

本シリーズは，目覚しい勢いで進歩している生命科学を，幅広い読者を対象に平易に解説することを目的として刊行する．

現代社会では，生命科学は，理学・医学・薬学のみならず，工学・農学・産業技術分野など，さまざまな領域で重要な位置を占めている．また，生命倫理・環境保全の観点からも生命科学の基礎知識は不可欠である．しかし，奔流のように押し寄せる生命科学の膨大な情報のすべてを理解することは，研究者にとっても，ほとんど不可能である．

本シリーズの各巻は，幅広い生命科学を，従来の枠組みにとらわれず，新しい視点で切り取り,基礎から解説している．内容にストーリー性をもたせ，生命科学全体の中の位置づけを明確に示し，さらには，最先端の研究への道筋を照らし出し，将来の展望を提供することを目標としている．本シリーズの各巻はそれぞれまとまっているが，単に独立しているのではなく，互いに有機的なネットワークを形成し，全体として生命科学全集を構成するように企画されている．本シリーズは，探究心旺盛な初学者および進路を模索する若い研究者や他分野の研究者にとって有益な道標となると思われる．

新・生命科学シリーズ
編集委員会

はじめに

生物というものは，この地球上で最も精緻で複雑で動的な物質系と言えよう．多様な環境の中で実に多様な生物の“生態”が展開されているが，織りなしている生命現象の根幹には，DNAによる遺伝情報の伝達というみごとな共通性がある．そのような生物を対象とした現代生命科学は膨大な体系となっていて，またその進歩は実にめざましい．生命現象の解明には，高分子，細胞小器官，細胞，組織，器官，器官系，個体，集団，生態系などといった階層構造を的確に認識する必要がある．

本書は，「新・生命科学シリーズ」の刊行趣旨に沿って，探究心の旺盛な初学者および進路を探索する若い研究者や他分野の研究者に読んでいただけるように，できるだけわかり易く動物の“生態”，つまり“個体，集団レベルにおける生きざま”の説明を目指した．しかし，一口に動物といってもセンチュウのような微小なものからクジラのように巨大なものまでいて，また系統分類の門レベルでも40を越える数があるほど多様に存在しているので，それら全体の生態を眺め渡すのは私の力量では無理である．そこで，対象を私たち人間が含まれる脊椎動物を中心にして，少しだけ昆虫類を加えて，また題材をおおむね“進化生態”に関連したものにしぼることにした．

地球上のすべての生物は，おそらく約40億年前に出現した祖先からの共通した子孫であり，地球環境の変化とともに多様に適応進化してきたといえる．そのプロセスは実に壮大である．度重なる地球環境の大変遷に耐えられずに時には大絶滅をしてきたが，それらをくぐり抜けたものたちの子孫が現生の生物たちなのだ．したがって，現生生物における生態の成り立ち理由を知るには，過去の事情も知らねばならない．生物の進化は，生物と無機環境との相互関係，そして生物どうしの関係の中で，自然選択によって起こったことを説明したのが，ダーウィンの『種の起原』であった．そのようなことを念頭において，本書ではキーワードとして“進化生態”，“無機的環境”，“生物間関係”，“適応放散”，などをすえている．

つまり，“進化”は生命現象のあらゆる側面に関係しているので，生物学のすべての分科において常に気にかけるべき基本的なことがらであると私は思っている．本書が入っている「新・生命科学シリーズ」では，『動物の系統分類と進化』，『植物の系統と進化』，『動物の形態－進化と発生－』など，本の名前のどこかに進化を含んでいるものがあるが，本書を読む際は，それらもぜひ参照していただきたい．それと，植物を対象として“生態”を取り上げたものとして『植物の生態』がすでに刊行されているが，その中の１～2章に生態学の基本となる概念がわかり易く解説されているので，それも合わせて参照していただきたい．

本書を刊行するにあたっては，かつての同僚の浅島　誠 先生からのおすすめがあり，ありがたくお引き受けした．著者の遅筆ゆえ裳華房編集部の野田昌宏氏には原稿の完成を我慢強く待っていただき，また筒井清美氏と共に原稿の不備を的確に指摘し整備していただいた．深く感謝申し上げたい．

2015年 1月

松本忠夫

目　次

1章 動物の特徴，生物進化史における位置

本書において動物の生態を解説するにあたって，最初の章である本章では，動物とはどんな生物であるかという特徴を述べる．そして，化石から明らかとなっている進化史初期の動物たち（エディアカラ生物とカンブリア生物）の生息状況について説明する．さらに動物における基本的な進化傾向を考察する．

1.1 動物とは

動物の生態を考える上では，そもそも動物とはいかなる生物なのか，その特徴を知っておいた方がよいであろう．

古代ギリシャの哲学者で，「万学の祖」といわれている**アリストテレス**（前384～前322年）は，諸々の生物の世界を二分し，感覚と運動能力をもつ生物を**動物**，それらをもたない生物を**植物**に分類している．そして，**人間**は理性によって現象を認識するので，一般的な動物と区別されるとした．以来，2千年以上も経つ現代においても，このような見方はかなり普通のことである．しかし，現代では生物の世界には多数の**微生物**がいることを知っているので，当然この分類ではきわめて不十分である．ウーズ（1977）によれば，生物の世界の全体は，単細胞生物で原核の**細菌界**と**古細菌界**，ほとんどが単細胞で真核の**原生生物界**，そして同じく真核で多くが多細胞の**植物界**，**菌類界**，**動物界**といった6つの界に分類されている．

それでは，一般的な**動物の特徴**として，どのようなことがらがあげられるだろうか．ここでは，次の5項目を指摘しておこう．

① 個体は**多数の真核細胞**から成り立っている（以前は真核の単細胞で活発に動く生物を原生動物と名づけていたが，現在の分類体系ではそれらは動物から外し，原生生物といっている）．

② 他生物が作った有機物を口器から摂取する**従属栄養性**である（少数であるが，口器が退化した寄生性動物もいる）．

③ 卵と精子が合体して**受精卵**となる．

④ 受精卵が卵割し，その発生の初期に**胞胚**を形成する．

⑤ **運動能力**が大きく，移動が可能である．

1.2　維管束植物と動物の比較

維管束植物は高等植物ともいわれるが，陸上でもっとも現存量が大きい生物群であり，生態系生態学の観点からは，有機物の**生産者**に位置づけられる．そして，動物は植物が生産した有機物か，他の動物そのものを食べて生活しているので**消費者**ということになる．なお，多くの細菌（バクテリア）や菌類は有機物の**分解者**である．ここで一般的な植物と動物の生活様式を比較してみよう（表 1.1）．

表 1.1　維管束植物と動物の生活様式の比較

	維管束植物	動　物
生態系における地位	生産者	消費者
栄養獲得方式	光合成（独立栄養性）	他生物を摂食（従属栄養性）
窒素同化	アンモニア体で吸収	タンパク質を分解（アミノ酸で吸収）
個体性	群体的個体（モジュール性がある）	単一個体
体の成長する部位	成長点での分裂	体全体
無機環境への応答	開放的・従属的	閉鎖的・独立的
運動性	なし（固着生活）	あり（大きな移動力）
捕食被食関係	植物どうしでは無い	動物どうしで存在

こうして両者の生活様式を比較してみると，同じ真核性の多細胞生物であっても，ずいぶんと性質が異なっていることがわかるだろう．

植物は光合成で有機物を生産し，ひいては自身の体の構築や維持，そして生殖に資することができる．動物は生活していく上で，他生物が作った有機物を利用しなければならない．つまり，維管束植物の栄養獲得方式は**独立栄**

養性であり，動物の場合は**従属栄養性**である．この基本的な違いが，両者の体の構成，運動性，そして無機環境への応答に大きく反映している．動物たちは激しい生物間相互作用のもとで，とにかく自らに適した食物を得るべく活発に動き，とくに食う - 食われる関係で多様に進化したといえる．

1.3　生物進化史における動物の出現

地球上の生物進化史における約 40 億年の中で，前の 30 億年間はおもに単細胞微生物の世界であった[*1-1]．では，動物はいつ頃から出現して，その頃はどのような姿であったろうか？　今のところ，化石として見られる**最古の動物**とされているものは，2012 年にナミビアで 7 億 6000 万年前の地層から発見された**海綿動物**らしきものであり，学名はオタヴィア（*Otavia*）とつけられた．それは 0.3 ～ 5 mm 程度の かりん糖のような形をした小さな殻であり，その表面には多数の細孔があいていて，海綿動物だとすると，その孔から水を出し入れし微小なプランクトンを濾し取って食物としていたものと考えられるが，内部の軟体部は残っていないので真相はわからない（図 1.1）．

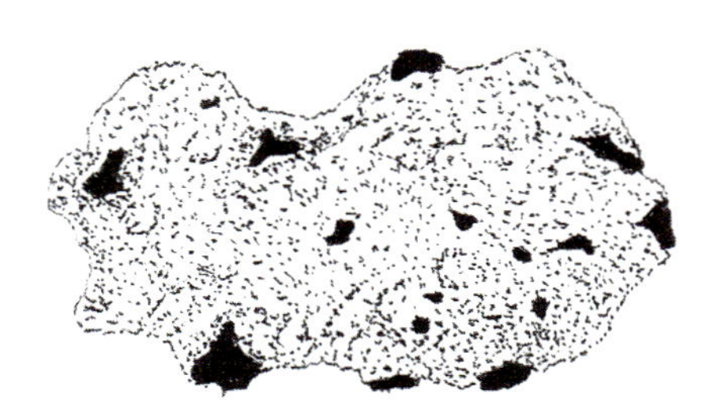

図 1.1　ナミビアで発見された最古の動物化石とみられるもの
これは海綿動物らしく，*Otavia antiqua* という学名がつけられている．
図の黒い所に細孔があいている（土屋，2013 の写真より描画）．

＊ 1-1　英国の科学誌 Nature 466 号（2010 年 7 月）によると，西アフリカ・ガボン共和国のフランスビル近郊で，約 21 億年前の黒色頁岩から最古の多細胞生物の化石が見つかった．それは大きさが 7 mm ～ 12 cm で，縁がギザギザしたクッキー菓子のような形態をしている．その報告まで考えられていた多細胞生物の出現よりも，なんと約 15 億年もさかのぼるものであり，バクテリアが群生した状態であるかも知れないが，その大きさと形状は注目に値する．

次に古い時代のもので注目されているものに，中国のドウシャントウのリン酸塩層から発見された動物の初期胚らしき化石がある（図 1.2）．これは 1998 年に約 6 億 3000 万年前の地層から発見されていて，0.5 mm に満たないボール状のものである．まだ，この卵を産み出した親生物の化石は特定されていないので，いかなる動物かはわからない．もし，この化石が卵割の状態を示すものだとすると，実にみごとに残ったものである[*1-2]．

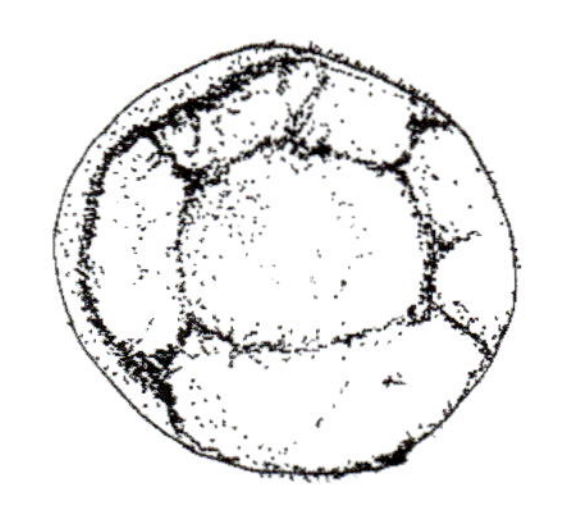

図 1.2　中国のドウシャントウのリン酸塩層から発見された動物の初期胚らしき化石
（土屋，2013 の写真より描画）

さらに時代が下がって動物の生息と関係した化石に，約 5 億 8500 万年前の生痕化石がある．2 本線が平行に進んでいるので，左右相称の動物が這(は)った跡，つまり，動物行動の記録と考えられている．それを残した動物がどんな姿だったかは，皆目わかっていない．その頃の生物は軟体部だけからなりたち，化石には残りづらかったのであろう．

1.4　エディアカラ生物群の出現と衰退

カンブリア紀に入る前の約 6 億 3500 万年前から約 5 億 4100 万年前までの期間を**エディアカラ紀**[*1-3] という．この時期には，今日ではまったく見られ

＊1-2　2011 年になって，これは硫黄細菌であるとの説が出現している．だとすると，細菌にしては現在では見られない巨大なものである．

＊1-3　2004 年 8 月の国際地質科学連合における国際層序委員会で改訂された地質年代表で提案された．

ないタイプの生物である**エディアカラ生物群**が生息していた．エディアカラ生物の化石が産出される場所で最も有名なのは，その名の由来となっている南オーストラリアの州都アデレードの北方にあるエディアカラ丘陵であり，砂岩の中にそれらの**印象化石**（生物形態の痕跡）が多く見られる．1946年の発見以後しばらくは，世界の限られた地点からしか発見されていなく謎の多い生物群であった．しかし，その後，ユーラシア，アフリカ，北米，南米など，南極を除く大陸の30数か所から発見されている．多くは浅海性の堆積物中からだが，6か所は深海性の堆積物中であった．まだ謎の多い生物ながらも，最近その様相がはっきりしつつある．とくに，カナダ・ニューファウンドランドのミステークンポイントでの化石群は，当時の海水中に流れ込んだ火山灰が堆積し，水成岩となった中でのわかり易い印象化石であり，また，比較的長い期間での進化過程を追うことができるようである．

エディアカラ生物の化石から，現在の動物一般に見られるような口器は発見されていない．また，取り入れた物質を消化し，体内に吸収する消化器官らしきものも見当たらない．そこで，このエディアカラ生物は浅海や深海の底の表面に付着生活していて，おそらく，体表のどこかから微小なプランクトンを濾(こ)しとって栄養物とするか，あるいは独立栄養微生物（光合成細菌や化学合成細菌）を体内に共生させて，それらから栄養をとった動物と考えられている[*1-4]．

エディアカラ生物の生活型は，水底の基質に少しもぐった**半内生型**，基質上に平たく広がった**横臥(おうが)型**(表生型)，そして**直立型**の3つに整理されている．多くはせいぜい20センチぐらいの長さであるが，中には数メートルもの巨大なものも発見されている．なお，体型については，成長していくであろう方向を重視して，**放射状**，**2極性**，**単極性**，**3回対称**などに分類されている（図1.3）．

多くのものの体全体には，袋や箱のような部分の繰り返し構造が認められ，

＊1-4　エディアカラ生物はずっと何らかの動物と考えられていたが，2012年に，オーストラリアのエディアカラ生物は動物ではなく，陸生の菌類であるとの仮説が出された．

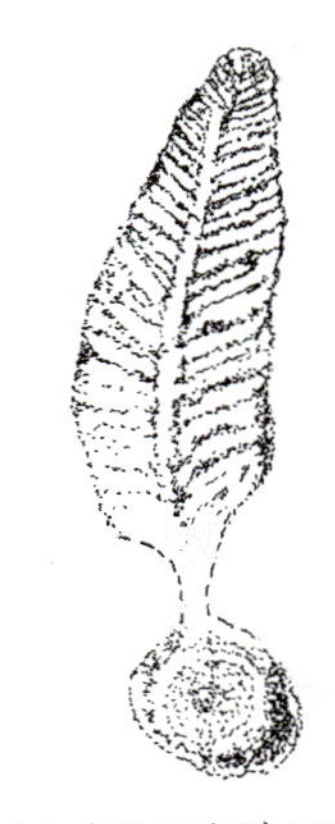

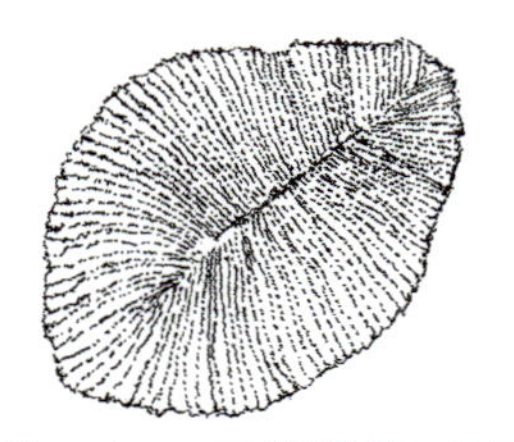

(b) ディッキソニア（横臥型，2 極性）

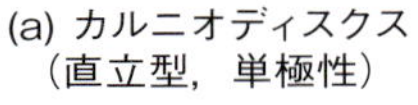

(a) カルニオディスクス
（直立型，単極性）

(c) トリブラキデウム
（横臥型，3 回対称）

図 1.3　エディアカラ生物群の代表的なもの
（土屋，2013 の写真より描画）

全体としてエアマット状になっている．その中に何が入っていたのか，外界から物質をどのようにして取り入れていたのかは，まったくわからない．それらの袋や箱の中に体表から採った栄養を入れておいたのか，独立栄養の微生物を共生させていたのであろうか．しかし，最近になってロシアの白海沿岸での地層から，数メートルの這い痕の化石が見つかっていて，頭部に口らしきものもあるとの報告がある．そうだとすると口を動かすための筋肉や神経系がありそうだが，残念ながらまだそれとわかる化石は発見されていない．このようにエディアカラ生物は，どのようにして生活が成り立っていたのかがまだわからない謎の生物であるが，もし口があるのなら，海底の藻類や光合成バクテリアのマットなどをすくうようにして摂取していたのであろうか．

エディアカラ生物は約 3000 万年にわたって繁栄していたが，カンブリア紀になるとまったく見られなくなる．その原因は，次に述べるカンブリア紀における動物どうしの**食う - 食われる関係**の大きな進展によると考えられる．

1.5　カンブリア動物群の爆発的進化

約5億4100万年から約4億8800万年前は古生代前期の**カンブリア紀**である．進化論で有名なC. ダーウィンが『種の起原』の中で，なぜカンブリア地層以前の地層には生物の化石がみられないのか謎であると記述したように[＊1-5]，ヨーロッパにおいては，これ以前の地層から動物の化石がほとんど見られないので，カンブリア動物群はあたかも爆発的に多様化し繁栄したように見える[＊1-6]．

現在では，初期カンブリア紀における生物の化石の研究は，とくにバージェス化石群やチェンジャン（澄江）化石群によるものが有名である．**バージェス化石群**とは，カナダのロッキー山脈のバージェス山で見られるバージェス頁岩の中に見られるものである．1907年にウォルコットによって発見され，以後1924年までに65000点もの動物化石が博物館に収蔵されていたが，詳しく研究されたのは1960年代後半以降である．このバージェス化石群の種類相は大変多様であり，現在見られる動物分類群のおもな門がすでに出現している．**チェンジャン化石群**とは，中国の雲南省の州都昆明に近いチェンジャン（澄江）で見られる化石で，1984年以降に豊富な化石群が発見されている．バージェスとチェンジャンの化石生物群を比べると，チェンジャンの方が2千万年ほど古いようである．

カンブリア動物群の化石においては，**固着性動物**だけではなく，大きな移動力をもつ，とくに遊泳力が備わっている**遊泳性動物**が多く出現している．脚の形態，数，またひれ（鰭）の大きさや動きは，当然のことながら生活舞台である海水の粘性や餌の分布と大きく関係していたろう．そして，固着性

＊1-5　ダーウィンの頃は，エディアカラ生物群の化石は知られていなかった．イギリスでエディアカラ生物群の化石が発見されたのは，ずっとおそく1957年になってからである．

＊1-6　カンブリア動物群の多様な化石，そしてそれらから推察される生態については，本書では紙数の関係で詳しく紹介できないが，巻末の参考文献に載せてある単行本などでぜひ見て欲しい．

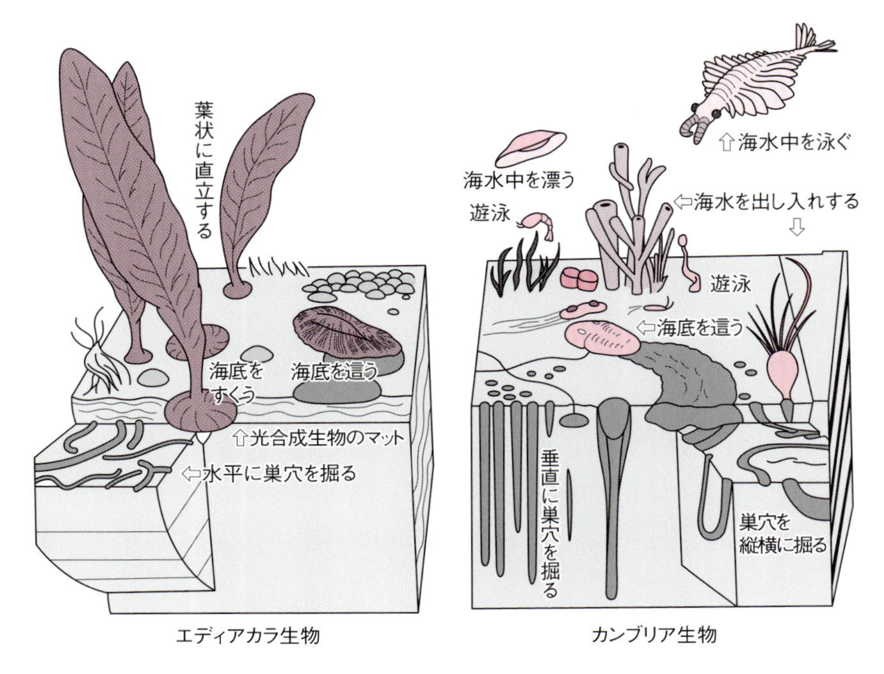

図 1.4　エディアカラ生物群集とカンブリア生物群集の比較
（Fendonkint *et al.*, 2007 より作成）

動物の場合は水流を起こしてプランクトンや粒子状有機物などを水とともに吸引し，それらを濾し取っていたであろう．また，遊泳性動物は遊泳しながらプランクトンを飲み込む，あるいは，他動物を積極的に捕えて摂食していたであろう（図 1.4）．

固着性であるか，浮遊性であるか，遊泳性であるか，水底での**蠕動性**（ぜんどう）（這ったり，うごめいたりすること）であるか，という行動様式は，餌生物や天敵との関係が大きい．カンブリア紀においては，それ以前に比べると一気にさまざまな**ニッチ（生態的地位）**＊[1-7] が増えたといえる．しかし，カンブリア紀初期において動物が一気に多様化したのではなく，それ以前の長い間に

＊ 1-7　これは 7.2 節で詳しく説明される．

徐々に多様化していたが，その間の動物はごく小さく，軟体部ばかりで化石として残りづらかったので，現在のわれわれには化石としてそのような動物が認識できていないのだとの考え方もある．

なお，化石からわかるのは表現型であるが，表現型レベルの多様化にさきだって遺伝子レベルの多様化があった，つまり，DNA コードが多様化したわけであるが，その原因はなんだったのであろうか．原因は地球に飛来してくる宇宙線の影響，地球の大きな気候変動（寒冷化による全球凍結）などいろいろありそうだが，簡単なものではなさそうである．カンブリア紀の生物が爆発的に進化した条件の大きなものとして，**眼の誕生**が重要であったというパーカーの説がある．動物にとって眼は餌動物を見つけるため，あるいは捕食動物から逃れるために機能する器官であるが，動物の進化史の中で眼が出現したことで，動物どうしの**食う - 食われる関係**が急激に進展し，結果として動物界の多様化が大きく促進されたとの考え方である．この眼の機能に関しては，7 章において詳しく述べることにする．

図 1.4 では，エディアカラ生物群集とカンブリア生物群集における生物たちの生活型の比較をしている．エディアカラ生物たちの生息場所はおもに浅海の底表面であり，どちらかというと行動が 2 次元的な展開であるが，カンブリア生物たちは底表面ばかりでなく，海底に深く潜ったり，水中を遊泳したりしていて行動が 3 次元的な展開となっている．

1.6　動物が活発な活動力を発揮するための諸器官

動物は環境情報を認知し，食物を選択して摂取する．そして，食物を消化し，その中の栄養物質を体内に取り込む．栄養物質は活動のエネルギー源であり，体の構成物あるいは次世代を作る際の資源でもある．さらに，栄養物質を代謝活動にのせていき，そのような代謝活動の結果として老廃物が生じるが，動物はそれらを体外に排出する．一般に動物の活動は活発であるが，それらはどのような器官系でなされているかを，次に列挙した．

①　多様な体内活動（消化系，呼吸系，循環系，神経系，排出系など）

②　体の維持と運動（外皮系，骨格系，筋肉系）

③　次世代の生産（生殖系）

④　環境情報の取得と情報発信（感覚系，発光系，化学通信，発音，音声，振動など）

このような諸活動を行う動物体はきわめて複雑な**動的平衡系**である．そして，大きな傾向として，多様な無機環境の中で，多様な生物たちに取り囲まれて生き残るべく，より複雑なものへと進化していっているようにみえる．しかし，寄生性の動物などでは，その生息環境に対応して単純化（退化）している．

1.7　動物体における動的平衡

動物体は成長し，維持し，そして次世代を生産するために，外界から物質／エネルギーを不断に取り入れるが，体内代謝の結果として二酸化炭素，水，代謝終産物などを排出する．つまり，ある程度，動物体は**開放系**であり，そこには体内に入ってくるものと体外に出ていくものの不断の流れという，**動的平衡**が見られる（図 1.5）．

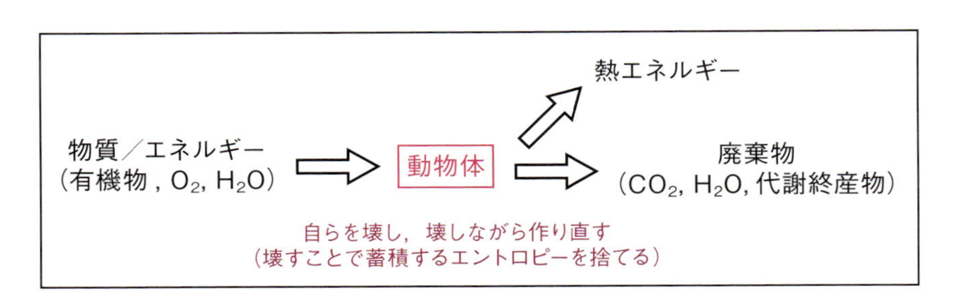

図 1.5　動物体における物質・エネルギーの取入れと排出

このことをヒトが摂取する食物内のタンパク質を例にして考えてみよう．ヒトは一日あたりタンパク質を平均約 70 g 摂取する．そして，消化管内に分泌される消化酵素でタンパク質をアミノ酸に分解し，体内（細胞内）に吸収する．体内では代謝活動によって 20 種類のアミノ酸が再結合して，筋肉や臓器のタンパク質になる．このタンパク質の交代率は 2 ～ 3%／日であるので，体を構成しているタンパク質は，3 か月で 100%が入れ替わっているという計算になる．捨てるのは，代謝終産物である尿素と二酸化炭素である．このように，ヒト（動物）は常にタンパク質を追い求めていると言えるが，そこには動的平衡が存在している．

1.8　進化過程における動物の大型化

動物界においては，時間が経つにしたがって**大型化**していったさまざまな系統があるが，それらの大型化した理由はどのようなものであろうか？　いろいろ考えられるが，ここでは以下の 4 点をあげる．

①　呼吸活動上の有利性が増大

呼吸装置の大型化および複雑化によって，酸素の取り込みと二酸化炭素の排出速度が上昇する．とくに体の大きさと呼吸装置の大きさとの関係が重要であり，立体的に複雑になればなるほど，体積に対する表面積の比が増大して，ガス体の出入りの効率が増す．たとえば，両生類の肺は単純な袋状であるのに比べて，哺乳類の肺では多数の肺胞があり，その内面で呼吸時の空気と触れるのだが，肺胞の内表面積を合算すると非常に大きく，ヒトの場合は約 70 m^2 にもなっている．

②　捕食被食関係での有利性が増大

筋肉や骨が大きくなると，運動のスピードが増すことなどにより攻撃あるいは防衛装置の性能が高まる．角，大顎，牙，刺などの武器は，動物どうしの軍拡競争で大型化，複雑化する傾向にあるが，それらの性能を発揮するためには体の大きさが必要である．

③　有性生殖における配偶者獲得での有利性

雌雄の二型性が進化する場合，多くの種では，雄の方が雌よりも大型になり，武器や複雑な装飾をつける傾向にある．そのことで雄は雌に向けて魅力的となる，あるいは雄どうしでの闘争に強くなる．

④　恒温性の維持

陸上動物は冬において極寒になる極地にまで進出している．そこで生存していくには脂や毛による断熱効果を高める必要があり，大型化する傾向にある．元は陸上動物だったが極地の海洋にまで進出したクジラ類などでは，皮下の脂肪層を十分に厚くすることで高い体温が保持されている．

ペンギン類は同じような体長の他の鳥類と比べて体重が 3 ～ 10 倍も大きい．冬季の厳しい寒さに耐えるため脂肪分をたっぷりと貯えるのである．また空を飛翔しなくなったことも理由となっている．たとえばキングペンギンの体長は 80 cm ぐらいであるが，翼長が世界一巨大な 3 m 25 cm ものアンデスコンドルと同等の 13 kg の体重である．

2章　脊椎動物の生活とその進化

動物界が約 40 門に分類されている中で，脊椎動物門のものは最も大型で複雑な個体の体制をもっている．そして，複雑な内骨格と筋肉系をもつことで巧みな運動をすることができ，多様化して繁栄している．とくに，背骨と脚は体全体を支えて移動する上で，また顎（あご）は食物を摂取する上での重要な働きをしている．本章では，そのような脊椎動物の生活様式とその進化について説明する．

2.1　脊椎動物とは，適応放散とは

内骨格としての背骨が体の中心部に連なっている動物たちのことを**脊椎動物**といっている．**脊椎**は力学的に体全体を支える柱であり，脊椎の前方には頭部があり，そこでは**大脳**，**小脳**，**間脳**，**延髄**などの中枢神経が頭蓋骨の中に納まっている．後方は尾部となっていて，体のバランスを取るときなどに機能を発揮する．そして脊椎の脊髄腔中には**脊髄**という長く大きな中枢神経系が入っている．このような著しく発達した中枢神経系が進化したことで，脊椎動物は動物界の中でも行動様式が格段に発達した．なお，脊椎動物は**内部骨格系**をもち，哺乳類ではほぼ 200 個の骨格が体の内部にあるわけだが，昆虫類や甲殻類などの節足動物に見られる**外部骨格系**と比較すると，動物がもちあわせている骨格の機能が理解しやすくなるであろう．

適応放散とは，ある系統の生物が多様な形質の子孫になっていくことをいい，とくに競合する生物がいない多くのニッチ（生態的地位）が空いている新天地に進出した場合，それらの空いたニッチを埋めるべくその系統が多様化した事例によく使われる．また既存の生物種の多くが絶滅し，ニッチが空いた後，別系統の生物がそれらのニッチを得た場合も該当する．

具体的な事例として，高校などの教科書でよく取り上げられるものには次

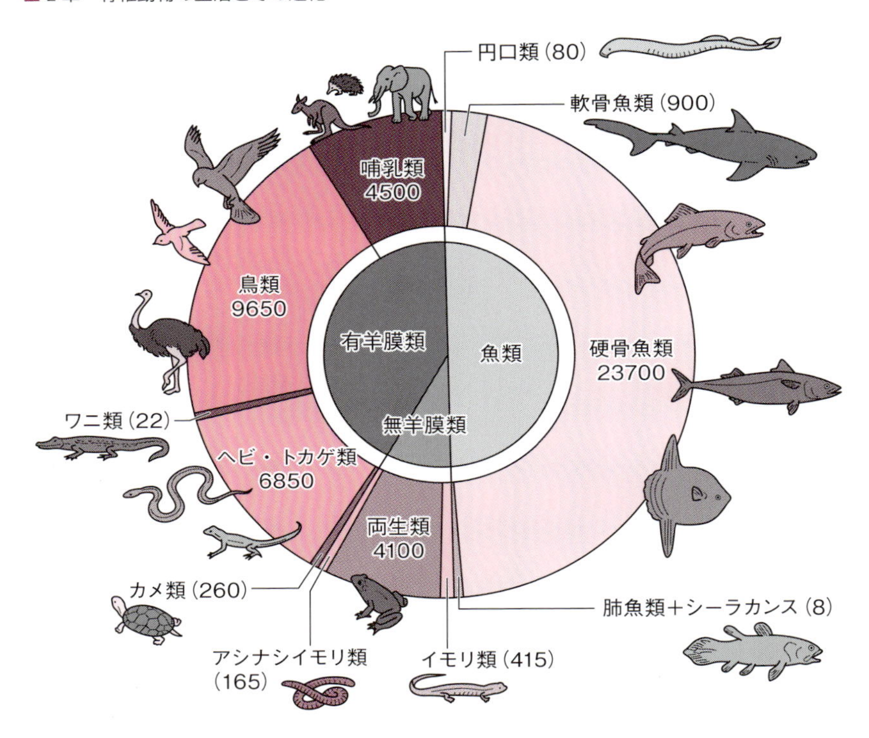

図 2.1　現生の脊椎動物の種数
数値は 1990 年代のもの（Harvey *et al.*, 1999 より作成）

のようなものがある．

○中生代の恐竜類に入れ替わっての新生代の哺乳類

○オーストラリア大陸における有袋類

○マダガスカル島における曲鼻猿類

○ハワイ諸島におけるハワイミツスイ類

○ガラパゴス諸島におけるダーウィンフィンチ類

この章では，魚類の肉鰭（にくき）類を祖先としデボン紀に陸に上がり，その後，紆余曲折を経て現在の地球で大きく適応放散している脊椎動物たちを説明する．なお，節足動物で，とくに陸上における昆虫類の適応放散がめざましいが，本書では紙数の関係でその扱いは副次的なものとする．

2.2　魚類とはどのような動物か

魚類は現生の脊椎動物の中で種数においてほぼ半分を占めているが（図2.1），すべては海水や淡水中に生活していて**水生**である．したがって，その体型は水の中を遊泳するのに基本的に適している．しかし，一口に魚類といっても系統学的にはかなり異なった生物たちの総称であり（単系統群ではなく，側系統群），分岐分類学的には，脊椎動物のうちの**両生類**と他の**四肢動物**（爬虫類，鳥類，哺乳類）を除いた残りの動物たちをさしてる．魚類誕生の初期は別として，魚類は全体に化石として残りやすい内骨格系や外皮に鱗（うろこ）をもっているので，長い進化史の中でさまざまに分化していった様子が比較的よくわかっている．

現生の魚類は大きく分類すると，口のところに顎をもたない**円口類**，顎を有する**軟骨魚類**と**硬骨魚類**（**条鰭類**（じょうき）[*2-1]＋**肉鰭類**（にくき）[*2-1]）といったものとなる（図2.2）．それらの系統学的なルーツは相当程度古く，おそらくカンブリア紀の初期（約5億3000万年前）にいた**脊索動物**の中から進化したと考えられている．化石において最古の魚類と考えられているのは，約5億2400万年前の**ミロクンミンギア**であり，これは中国のチェンジャン化石群の1つである．以来，5億年あまりを経てきわめて多様化し，現在では海洋や淡水域において，原始的な形質を色濃く残しているものから，かなり派生的な形質を示すものまで，魚類は実に多様である．なお，古生代のオルドビス紀（約4億9000万年前から）になると，魚類は鱗（うろこ）をもつようになり，体の前半部を骨の板で被った**翼甲類**[*2-2]や**甲皮類**[*2-2]などが出現したが，そのような硬い

＊2-1　条鰭とはひれ内部に多数のすじ（条）が扇状に並んでいることを意味し，一方，肉鰭とはひれ内部に比較的少数の骨格が縦に並び，その周りを筋肉が取り囲んでいることを意味している．

＊2-2　無顎類の中で，体の前半部が甲羅（骨の板）で覆われたものたちを翼甲類という．その中には背面と腹面が異なった骨である異甲類，また全身が細かい突起で覆われた歯鱗類などがいた．また翼甲類とは別のグループでは，甲皮類，頭部が1枚の骨板で覆われた頭甲類，甲羅をもたない欠甲類などがいた．

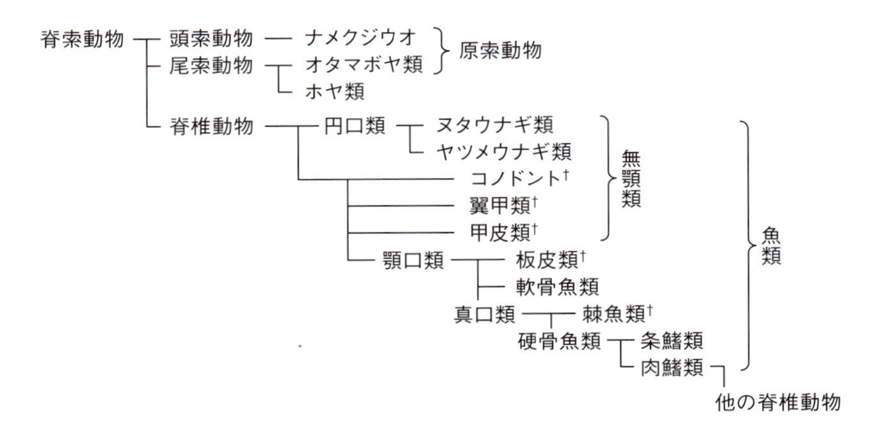

図 2.2　脊索動物，そして魚類の系統関係
†印は絶滅した系統で現生種はいない（松本・二河，2011 より）.

外皮は捕食に対する抵抗のためであったろう．その頃までは口に顎が無かった（**無顎類**という）ので，海底のバクテリア，藻類，有機物などを吸うようにして摂食していたのであろう．シルル紀（約 4 億 3000 万年前から）になって顎のある魚類（**有顎類**という）が進化してきた．そして，デボン紀（約 4 億 1600 万年前から）になって捕食者として**板皮魚類**（ばんぴ）が繁栄したが，それらは絶滅していて現生の種はいない（図 2.2）．また，約 4 億 900 万年前から出現した**肉鰭類**（シーラカンスや肺魚）は大きく栄えた時期があったが，現在はわずかな種類しかいない．このような魚類の栄枯盛衰には，動物界における食う - 食われる関係などの相互関係も大きく働いていたであろう．

2.3　両生類の適応放散

両生類は，その名が示すように，多くは水界と陸上との接点のようなところで生活している．ほとんどの種類は水中か，あるいは湿潤な場所でないと生きていけないのである．温暖湿潤で大森林が形成された古生代の石炭紀に繁栄し，寒冷化が進んだペルム紀においてもさほど衰退はせず，中生代の三畳紀まで一定の生態的な地位を占めていた．中には体長が 2 m にもなる大型種のエリオプスなど，現生のものよりはるかに大きいものもいた．また，鋭い歯をもっていたなど，大型捕食者として生態系に君臨していたらしい．なお，石炭紀の昆虫類でも，古トンボ類など現生では見られないほど大型のものがいたが，当時は大気の酸素濃度が30％にも達していたことが大きく影響していたとの説がある．

現生の両生類はいずれも小型で，**無尾類**（カエル類），**有尾類**（サンショウウオ，イモリ類），そして**無足類**（アシナシイモリ類）の3群（目）がいる．これらの多くは幼生から成体になるときに**変態**する．完全に水中で生活している種類は，**えら呼吸**を行い，半水生および陸生の種類は，幼生期にはえらで，成体になると肺および皮膚で呼吸している．なお，両生類の**肺**は左右一対の単純な袋状のものであり，哺乳類や鳥類のような複雑なものではない．両生類の動きは緩慢であるから，そのような単純な肺での酸素呼吸で足りている．**皮膚呼吸**において，皮膚が常に水でぬれていなくてはならず，両生類は乾燥に弱い．

化石から見ると，有尾類と無尾類の共通祖先となるゲロバトラクスは，ペルム紀中期のもので，2008年にテキサスで発見された．**有尾類**はジュラ紀中期以降から化石が知られている．有尾類はその名が示すように尾をもち，それを動かすことによって水中を遊泳できる．現生の無尾類につながる系統は三畳紀前期に出現している．**無尾類**は尾を失っていて，遊泳には後足を使うが，その動きはいわゆる“かえる泳ぎ”である．無足類は爬虫類のヘビと同様に四肢を失っているが，これは地中生活への適応である．この仲間は熱帯の湿った低地に生息している種類が多く，また分布が限られているので，性質がよくわかっていないものが多いが，半水生の種類は卵生であり，陸生の種類は胎生の傾向が強い．

2.4　爬虫類の適応放散

分岐分類学の定義から言うと，「爬虫類とは有羊膜類の全体から鳥類と哺乳類を除いたもののすべて」である．**有羊膜類**とは，発生の初期段階での胚が羊膜に囲まれている動物たちである．祖先の両生類において陸上でより大

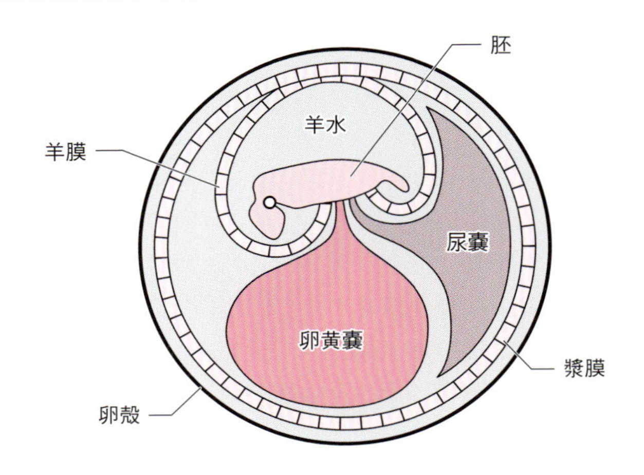

図 2.3　有羊膜類の卵における羊膜

型の卵を産むようになったが，羊膜はさらに胚の呼吸を容易にするべく進化した器官と考えられている．この羊膜が発達し**羊膜腔**ができると，胚はその中で発育することができるようになった．さらに卵殻が用意されることで乾燥により耐えることができ，以前は湿った水辺生活だったのが，より乾燥した陸上での生活が展開できるようになった．しかし，現在でも爬虫類の**カメ類**と**ワニ類**では水辺をおもな生活舞台にしている種が多い．

爬虫類の現生の種としては 2005 年の時点の世界全体で，カメ類（307 種），**ムカシトカゲ類**（2 種），**有鱗類**（ゆうりん）（ヘビ類 2978 種，トカゲ類 4765 種）そしてワニ類（28 種）が知られている．日本などの温帯ではさほど目立つものではないが，世界全体で約 8000 種という種数は，哺乳類が約 4500 種，鳥類が約 9600 種であることを考えると，今日の地球において結構繁栄していることになる．実際，爬虫類は熱帯に行くとかなり目につく．しかし，爬虫類は基本的に**変温性**のため，寒冷なところでは生活できない種が多い．

爬虫類の最古の化石は，カナダ東部のノヴァスコシアにおける石炭紀後期の地層から出ているカプトリヌス類のヒロノムスで，現生のトカゲそっくりの姿をしていて体長が 30 cm ほどであった．三畳紀，つまり中生代の始めになると，さまざまな爬虫類が一気に登場している．そして，ジュラ紀から白亜紀にかけて大きく適応放散して，生活の舞台を陸上のみならず，水界へ展開している**魚竜類**のような系統もあり，また空中で餌をとるようなものはいなかったものの，滑空したり，ゆるく飛翔する**翼竜類**が現れている．

中生代は爬虫類の時代といえるが，その中でも**恐竜類**が繁栄していた．恐竜はラテン語でDinosauria（恐ろしいトカゲ）というが，この名は1841年に，後に大英博物館長になったR. オーエンがつけたものである．恐竜とは，中生代に栄えた爬虫類の中で，骨盤の形で特徴づけられた**竜盤類**（トカゲ型骨盤類）と**鳥盤類**（鳥型骨盤類）の2つのグループをさしている．鳥盤類は草食性で，イグアノドンやトリケラトプス，ステゴサウルスなどが有名である．一方，竜盤類には竜脚類と獣脚類を含み，前者にはブラキオサウルスなどの巨大な草食恐竜がいた．獣脚類は肉食性で二足歩行の恐竜であり，ティラノサウルスやアロサウルスが有名である．

恐竜類をはじめとした爬虫類たちの繁栄は，実に1億6000万年にわたっていた．その適応放散ぶりは大きく，植生を見ても草食，樹葉食，小型動物食，大型動物食など，現生の哺乳類の適応放散ぶりに匹敵している．ところが，6500万年前に突如として多くが絶滅してしまった．この中生代の最後においては，脊椎動物のみならず他の多くの生物の大量絶滅があった．その原因としては，小惑星が地上に落ちたことで地球の気候が大変化したからと考える説が有力である．

2.5　鳥類の起源と適応放散

1995年頃からの中国遼寧省における**羽毛恐竜**や古鳥類の化石の発掘により，鳥類は恐竜の竜盤類から生じたものであることはかなり確かとなってきている．**古鳥類**は恐竜類とともに中生代末期に絶滅したが，新生代に入って**新鳥類**が大きく適応放散した．

鳥類は，二次的に歩行生活に戻った種類もいるが，全体としては**飛翔性**（ひしょう）の生活に大きく特化した動物である．その飛翔のための適応として，下記のような特徴がある．

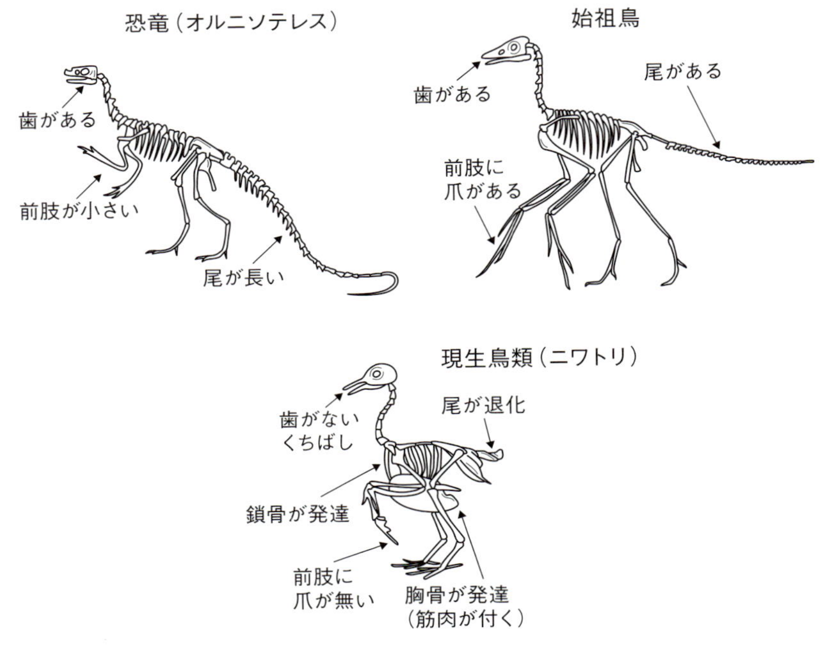

図 2.4　恐竜，始祖鳥，現生鳥類の骨格の比較
（松本・二河，2011 より）

① 骨が中空で，壁が薄く，軽くできている．

② 前肢が翼となり，指が変形し，機能していない．

③ 代謝率がきわめて高く，高栄養の食物を必要とする．

④ 力学にかなった体型をしていて，体が軽い．ほとんどが 1 kg 以下，体長は 50 cm 以下．

⑤ 体重の大きな部分が飛翔筋である．

前述したように，近年の古生物学の進展によって，鳥類の直接的な祖先である恐竜類にも羽毛を備えている種類が発見されていて，**羽毛恐竜**とよばれている．それらが保有していた羽毛の機能は何だったのであろうか．その初期は体温保持と関係していると考える向きが多い．そして，それらが脚にはえることによって，滑空あるいは走行時のバランス取りに二次的に変化したと推察されている.

羽毛恐竜から鳥類らしくなるためには，前節①～⑤で述べた多くの形質の獲得が必要となったが，いっぺんに大きく飛翔できなくても，自然選択の中で，少しでも飛翔することが有利であったからこそ，飛翔生活への進化に拍車がかかったのであろう．それには，おそらく，被子植物の出現そして食物としての昆虫類の適応放散が大きく関係していたのであろう.

なお，今日の鳥類においては，二次的に飛翔生活を完全にやめた走行型のダチョウ類や，海洋で遊泳することで活躍しているペンギン類なども，羽毛を巧みに機能させている．このように鳥類において羽毛は大変重要であり，ヒトやカバのように全身に羽毛が無いような裸の鳥類はいない．なお，羽毛の進化プロセスに関しては，3.6 節で述べる.

鳥類におけるくちばしや足指の機能は，食物の捕獲や粉砕の道具であり，毛づくろいの道具であり，卵やひなを育てる際の道具でもある．そして，その形態は，食物メニューと密接な関係をもっているが，それに関しては 4.4 節で述べる．鳥類のくちばしは，霊長類の手のような役割を担っているといえよう．たとえば，同じ小鳥類でも種子食，昆虫食，花蜜食では，くちばしの形態は大きく異なっている. そのようなくちばしの進化は古く C. ダーウィンがガラパゴスフィンチで興味をもったことである．ハワイ諸島で適応放散したハワイミツスイ類でも，化石種を含めて進化のルートが近年に推察されている.

2.6　哺乳類の特徴

哺乳類[＊2-3] とはその名が示すように，子どもに授乳を行う動物で，単孔類，有袋類，真獣類の 3 系統に分けられている．おそらくデボン紀末の両生類から生じた**単弓類**（たんきゅう）（**先哺乳類**）がその祖先である．脊椎動物の世界としては，あたかも白亜紀末の恐竜類の大絶滅の空白を埋めるかのようにして，新生代

＊2-3　ラテン語の Mammalia を訳したもので, それは学名で有名なリンネが 1758 年に造った語であり，四肢動物の中で乳房（mamma）を持っているものを意味させている.

になって哺乳類が急速に適応放散した．それらの生活圏は熱帯から寒帯までの陸地はもとより，河川，湖，海洋などの水界，そして，クジラ，アザラシなどのように遠洋や極地にまで進出できた．また，コウモリのように鳥類と同様大規模に飛翔できる哺乳類も出現した．絶滅した種まで含めると，脊椎動物の中でもっとも多様な環境に適応放散した系統といえよう（9.1 と 9.3 節で詳しく述べる）．哺乳類は体温を一定に保つことができ，雌の体内で子供を育て（妊娠），出生後も濃い乳で子どもを養うなど，寒さに比較的強いが，そのような生理的な革新も，遠洋や極地にニッチを広げるための条件となったのであろう．哺乳類の爬虫類と異なっている特徴は，要約すると下記のようなことがあげられる．

① 哺乳類では**乳腺**をもち，ミルクによって新生児を育てる．

② 爬虫類にも**胎生**の種類がいるが，哺乳類では単孔類以外はすべて胎生である．

③ 哺乳類は皮膚に**獣毛**と**汗腺**をもっている．ただし，二次的に失ったものもいる．

④ 爬虫類では**下顎骨**（かがく）が数個の骨でできているが，哺乳類は歯骨の 1 個のみである．そして，爬虫類では，下顎の関節骨が上顎の方形骨と触れ合っているが（顎関節の形成），哺乳類では歯骨と上顎の鱗状骨が触れ合っている．

⑤ 爬虫類の**耳小骨**は鐙骨（あぶみ）のみだが，哺乳類では方形骨が砧骨（きぬた）に，関節骨が槌骨（つち）へと変化して，耳小骨は鐙，砧，槌骨の 3 つからなっている．

⑥ 爬虫類では歯がすべて同じような形であるが，哺乳類では**門歯**（切歯），**犬歯**，**小臼歯**，**大臼歯**の区別がある．

2.7　四肢動物の生態の比較

脊椎動物のうち基本的に 4 本の肢をもっているものを**四肢動物**という．これらは両生類，爬虫類，鳥類，哺乳類をさすが，現生の四肢動物における系統関係はおおむね図 2.5 のようになる．そして，この章のまとめとして，それらの生態状況を比較したものが表 2.1 である．詳しくは以後の章に述べることにする．

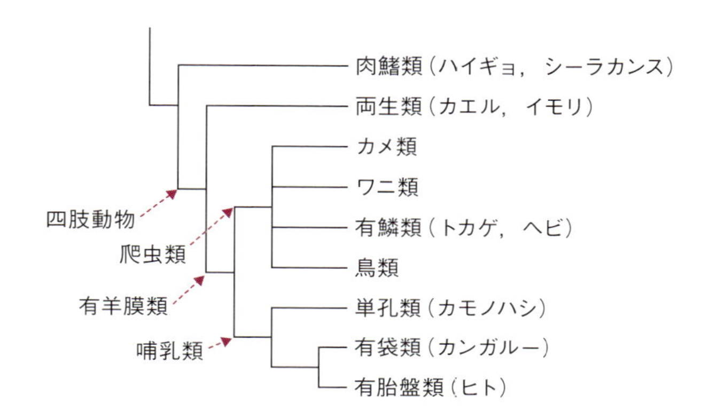

図 2.5　現生の四肢動物の系統関係
現在の分岐分類学によると鳥類は爬虫類に含まれる．

表 2.1　四肢動物の生態状況

	両生類	爬虫類	鳥類（真鳥類）	哺乳類
起源	デボン紀後期（約3億6千万年前）	石炭紀後期（約3億年前）	白亜紀前期（約1億3000万年前）	ジュラ紀前期（約1億8000万年前）
採餌場所	水中／水辺	陸上／水中	空中／陸上／水中	陸上／空中／水中
餌処理器官	顎のみ	尖った歯を備えた顎	くちばし	門歯，犬歯，臼歯を備えた顎
受精様式	体外受精	体内受精（一部にペニスを保有）	体内受精	体内受精（ペニスが発達）
発生初期	卵生	卵生／卵胎生	卵生	胎生／卵生
飛翔性	ない	翼竜類で少し	ほとんどがある	コウモリ類
滑空性	トビガエル	翼竜類，トビトカゲ	ほとんどがある	ムササビ，ヒヨケザルなど
水中遊泳性	ほとんどがある	魚竜類，ウミヘビ，イグアナなど	ペンギン，カモ類，ウミガラスなど	クジラ，アザラシ，ジュゴンなど
歩行速度	遅い	遅い～速い	一般に速い	遅い～速い

3章 無機的環境に対する適応

生物進化史において動物は水界で誕生したからであろうか，現在も水界に生息している動物系統群の方が陸上に生息しているものたちよりもずっと多い．もちろん，陸上においても，動物たちはかなりのところで大きく適応している．しかし，極地，高山，砂漠などにおける極端に寒冷か，きわめて乾燥した厳しい環境では，他の生物と同様に動物は生息できていない．本章では，動物がどのような無機環境においてどのような様相で適応しているかを説明する．

3.1 水生動物の生活様式

1章で記したように，動物らしき生物は，すでに約7億6000万年以上前に，海の中に生息していたらしい．それらの多くは，当時強く降り注いでいた有害な紫外線から守られる程度の深さの浅海底にいたと考えられる．浅海底には太陽光が射し込み，光合成を行う微生物や微細な藻類の集団がすでに十分に繁茂していて，おそらく祖先動物たちはそれらを摂食するように進化したのであろう．このような生物は**ベントス**（底生生物）[*3-1]や**プランクトン**（浮遊生物）[*3-2]といわれるものたちである．もちろん，海水温は生物の代謝活動ができる範囲であり，また溶存酸素や栄養塩は適度の濃度まで蓄積していたであろう．光合成生物の活動がいっそう盛んになるにしたがって，動物たちにとっての食物となる有機物が多くなり，動物たちは増えていったであろう．

＊3-1　水底の表面に位置して生活しているものを表生ベントス（エピベントス）といい，底質の中に体下半分を入れているものを半内生ベントス（ヘミエンドベントス），体全体が底質の中に入っているものを内生ベントス（エンドベントス）という．

＊3-2　プランクトンとは，遊泳能力がないか，あってもごく小さい生物をいう．体積あたりの表面積が大きな構造で，比重が水と同じ程度で海水に浮遊している．

そして，やがてベントスやプランクトンは，大型化して自ら食物を求めて泳ぎ回るような生物，つまり**ネクトン**（遊泳生物）＊3-3へと進化していったと考えられる．現在の動物を見ると，その特徴はなんと言っても大きな**移動力**をもっていることである．しかし，例外があり，たとえば，原始的な部類に属するカイメン，サンゴ，イソギンチャクなどの成体は，水底や岩礁などへ**固着**していて移動できない．また，より高等（派生的）な動物である甲殻類のフジツボ，脊索動物のホヤなども移動力を失っている．しかし，このような動物でも，その卵や幼生期には水中を漂い，あるいは積極的に移動する力をもっているのが普通である．つまり，動物の「動物たるゆえん」は大きな移動力の保持にある．

3.2　水生動物の移動力

ここで，動物が水中で移動する際には，どのような力がかかるかについて考えてみよう．水は粘性の大きな物質であるから，その中で生物が移動する際には水から大きな抗力を受ける．また，生物の後ろには渦や乱流が生じる．さらに，水はその中に存在する物体に対して浮力を与える．水深が増すとともに水圧が増加し，深海などでは非常に大きくなる．そのような事情から，生物体の大きさと移動速度は，この水の粘性や浮力と密接な関係をもっている．大型で活発に泳ぐ水生動物は，進化の系統に関わりなくすべて**流線形**である．なお，後に進化した空中を移動する動物でも，移動速度の大きなものは流線形となっている．

魚類では，マグロ，カツオ，ブリなど海洋で活発に泳ぎ回る魚類ほど，みごとな流線形をしている．そのような魚類では体の多くの部分を筋肉系と内骨格系が占めているが，そのことは，魚類は泳ぎ回るために，いかに多大な労力を必要としているかをよく示しているといえよう．まさしく，魚類は水

＊3-3　ほとんどのネクトンは遊泳器官を保持している．水の粘性は大きいから，生物自らが水流に逆らって泳ぐためには，流線形の体と泳ぐための器官であるひれ（鰭）や水流ポンプが必要となったのである．なお，微視的にはよく泳いでいるが，大きな範囲を移動できない微小動物をマイクロネクトンと言っている．

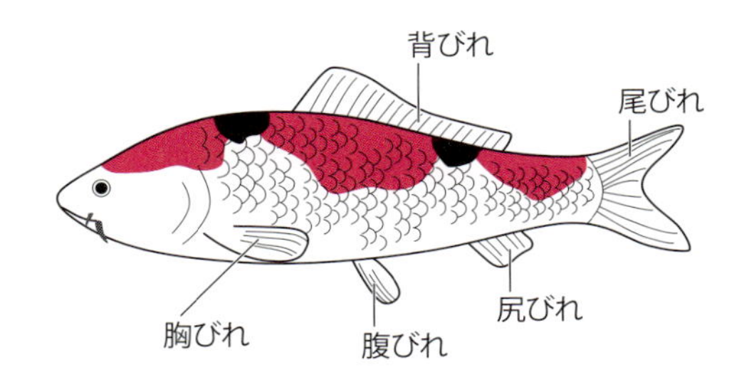

図 3.1　魚類におけるひれ（鰭）の位置

という粘性の大きい媒体の中でも，巧みに泳ぐ捕食者として成功をおさめた動物といえよう．

泳ぎ回る上での推進力は，**躯体振動**（体を左右にくねって揺すること）で発揮される種類が多いが，尾びれを左右ないし上下に揺するだけの種類もいる．それに加えて，ひれ（鰭）を，進む向きを変えたり，ブレーキをかけたりする際に使用する．

ひれはその付いている位置によって下記のようなものがある（図 3.1）．

対鰭：左右に対となっているもの（胸びれ，腹びれ）

不対鰭：背びれ，尻びれ，尾びれ

3.3　魚類の上陸，両生類への移行

魚類の中から陸上へ進出したものたちがいたが，本節ではその進化的移行の様相を述べよう．

古生代のカンブリア紀からデボン紀にかけて陸上大気の様子が変化した．その大きな変化内容として，酸素濃度が上昇し，上空に**オゾン層**ができた．そして，その影響により生物にとって有害な紫外線が地上に届く割合を減少させた．そのために生物が陸上でもすめるようになり，植物が動物に先立って上陸した．そして，植物が陸上に生育することで，その植物が生産した有機物や栄養塩などが干潟や浅い海へ流入し，そこに生息している生物たちに大きな影響を与えるようになった．

干潟においては潮の満ち干があり，潮が退いたときには，そこにいる生物は空気に曝され，また太陽からの強い放射光を浴びるので，それらに耐えなければならない．さらに，動物は食物を積極的に探索する一方，敵から逃れる必要がある．そのようないくつもの厳しい条件の中で，魚類でも，生活圏

を干潟や岩礁地帯に移し，さらには湿地帯へと生活圏を広げるものがでてきたが，そのようなものが**両生類**の祖先であったと考えられる[*3-4]．

化石記録から見ると，デボン紀の後期(3 億 6000 万年前～3 億 7000 万年前)頃に魚類の中から両生類が生じたようである．そんな魚類の候補としては肉鰭類が考えられ，その中のシーラカンス類と肺魚類のどちらが両生類に近いかが議論されてきたが，現在ではシーラカンス類の方が近いと見る向きが多い[*3-5]．

両生類が保有している**四肢（四足）の起源**は，魚類時代の胸びれおよび腹びれと考えられている．初期両生類の四肢の先には多数の指が見られるが，やがて指の数は減少していった（図 3.2）．なお，初期の両生類の 1 つとして**イクチオステガ類**の化石があり，これはグリーンランドの地層（デボン紀後期，3 億 6500 万年前）から 1920 年代に発見されている．他にも，ユーステノプテロン，ティクタリークなど多くの化石が知られてきている．

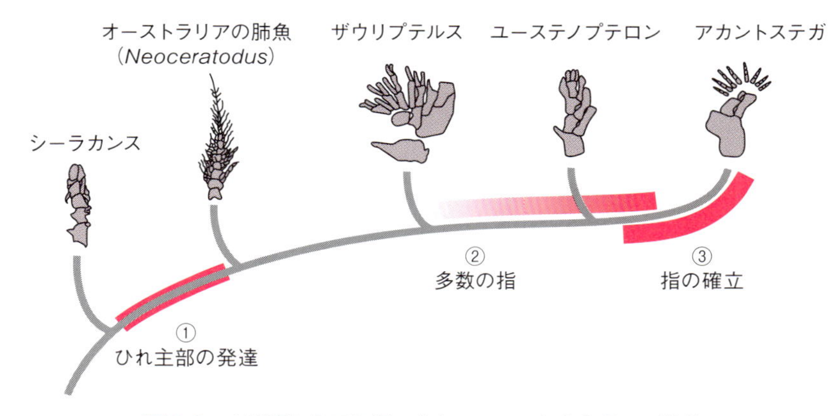

図 3.2　肉鰭類から両生類へ向かってのひれから足への進化
（松本・二河，2011 より）

＊ 3-4　最近の研究では，亜熱帯における浅いラグーン（潟湖）のようなところであろうと，古地質学と古生物学によって考えられている．

＊ 3-5　従来は，水が干上がる乾季において泥の中で休眠できるようになった肺魚類の祖先が陸上生活に移行したのが両生類といわれていた．

ところで，水中で生活する魚類は，いわば水の中に浮いている状態なので，姿勢を保つのに重力は関係しない．しかし，陸上へのぼると，とたんに**重力**が体全体に大きくのしかかるので，重力に負けない姿勢を保つには，その対策ができる体形が必要となる．さらに，移動する際に腹面をこすっているのでは，速く動くことができないから，速度をあげるには，ひれ（鰭）を上方に伸ばして体全体を浮かせる必要がある．こうして，魚類におけるひれが，両生類の**四肢**（四足）へと進化した際に，陸上生活において必ず伴う重力への対応策があった．つまり，陸上では重力に対抗できる強力な骨格，そして前後左右のいずれかに移動するための，筋肉の動かし方の改良が必要だったのだ．

このように体をもち上げ，肢を前後に動かすためには，肢骨格の形態と筋肉機能の進化において，かなりの工夫が必要であったといえよう（図 3.3）．また，肢の全部に指ができる必要があった．初期両生類の指の数にはバリエーションがあり，最大で 8 本の指があったデボン紀両生類の化石種（アカントステガ）が 1987 年に発見されている．

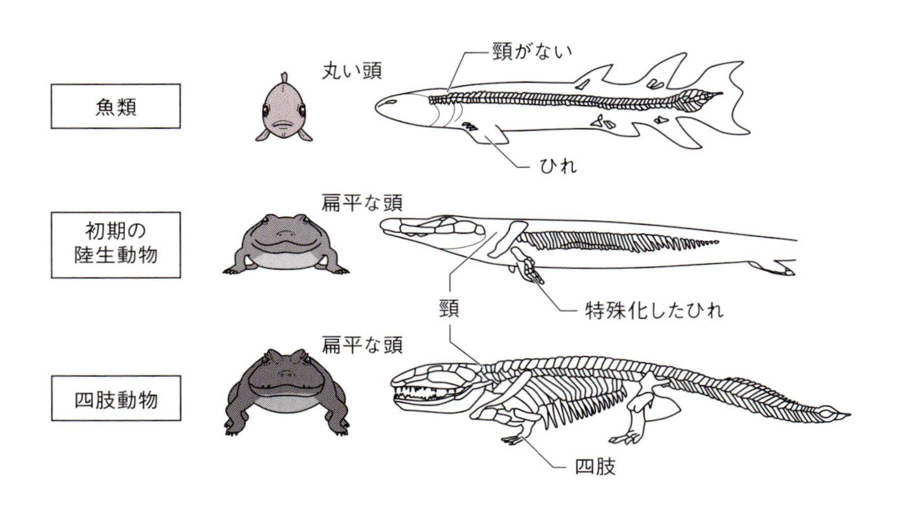

図 3.3　魚類から四肢動物への姿勢の変化
（松本・二河，2011；ニール・シュービン，2008 より改変）

3.4　陸生動物の移動力（四肢動物の場合）

脊椎動物のうち，両生類，爬虫類，鳥類，哺乳類などを**四肢動物**（または四足動物）というが，これらの動物における4本の**肢**は，まさしく移動力を発揮するための器官である．また，前節で述べたように，四肢動物の祖先は肉鰭類であり，それらのひれが四肢へと進化したと考えられている．

ひれが四肢に進化した当初では，今日の両生類のイモリのように這(は)って移動していた(**爬行**(はこう)という)．両生類の祖先がやがてより乾燥した陸上に進出し，爬虫類の祖先へ進化し，四肢による移動の速度を上げはじめた．そうすると，地面との摩擦を避けるために，どうしても体を上に浮かさなければならない．その結果が，**四足歩行**であり，さらに速度を上げたのが**四足走行**であり，また**二足走行**である．爬虫類の中でも，恐竜などはその後肢の構造から，二本足でかなりの速度で走行できたものと考えられている．なお，恐竜は体の前後バランスを維持するため長い尾を保持している．

現生のワニ類では，休んでいるときは腹を地面に接しているが，動くときには足を伸ばして腹は地面に接していない．また，ある種のワニやトカゲは，ヒトよりもずっと大きな速度で走行ができるが，その際は四肢が体を大きく持ち上げている．

このような爬虫類の中にはヘビ類のように，二次的にまったく四肢を失った動物がいる．ヘビ類は**無肢**であるが，細長い体を左右にくねらせることによって，爬行のやりかたが格段に進歩し，また，狭いすき間，樹上などでも巧みに移動できる．皮膚面にある鱗が，地面などとの摩擦抵抗が小さくするような，また逆行できないような構造となっている．

新生代になって大きく適応放散した哺乳類において，**四肢**（**四足**）は生態系におけるニッチ（生活場所や食性）を反映して多様化した（図 3.4）．**四肢骨**(こつ)は，基本的に帯骨，第一体節の1本の骨，第二体節の2本の骨，第三体節の5本の小さな骨の列（指）からできている（図 3.4 右上）．これらの骨の形態が変化することによって，たとえば，歩く，走る，蹴る，木に登る，飛行する，泳ぐ，跳ねる，もぐる，捕まえる，運ぶ，戦う，などなど，四肢の

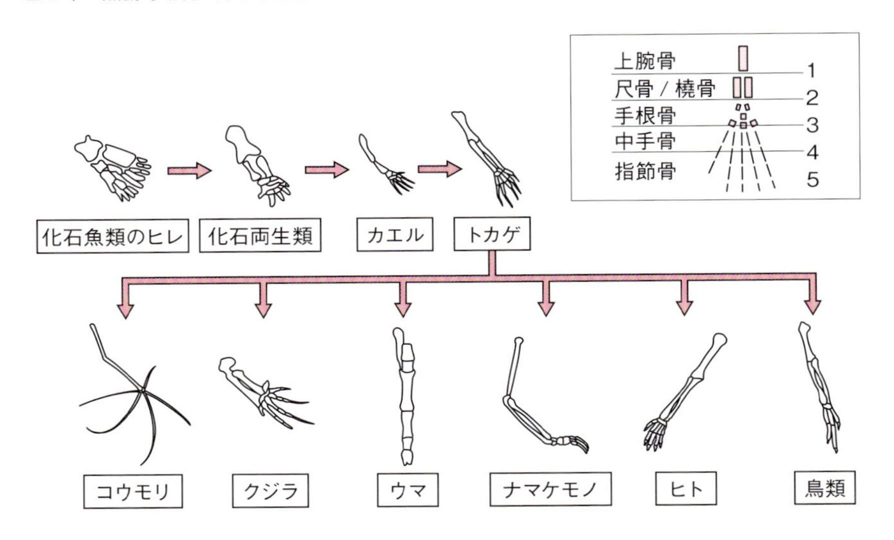

図 3.4　種々の脊椎動物の前肢の骨の相同性
右上には基本構造を示してある．数字は骨（列）の基本数（松本・二河，2011 より）．

使われ方が大きく多様化している．もちろん，これらの行動の速度，方向，大きさ，有効性などは，骨群の形態によって多様なものとなっている．たとえば，走行（歩行）性の哺乳類では，走行速度が増すにしたがって足首の骨が長くなり，指の数が減少していく傾向がある．前肢と後肢の形態が大きく異なっていった系統も多い．霊長類の場合は，前肢における 5 本指の機能が発達し物体を巧みにつかむことができる．クジラ類では前肢の指はなくなってひれとして使われ，後肢は完全に退化している．

動物たちが敵から逃げるにせよ，餌を捕獲するにせよ，走行の速度をさらに上げようとすると，やがて体を宙に浮かす**飛行**に至る．本格的に長時間の飛行をするためには，四肢の構造がさらに特殊化していく．結果として，前肢の指が退化し，その代わりに風切羽を**翼**として構成して飛翔するようになったのが鳥類である．むしろ，前肢の 4 本指を大きく伸ばして，それらと胴体との間に**飛膜**を張ったのがコウモリである．前肢の人差し指のみを大きく伸ばして，やはり飛膜を張って滑空したのが翼竜類である．なお，コウモ

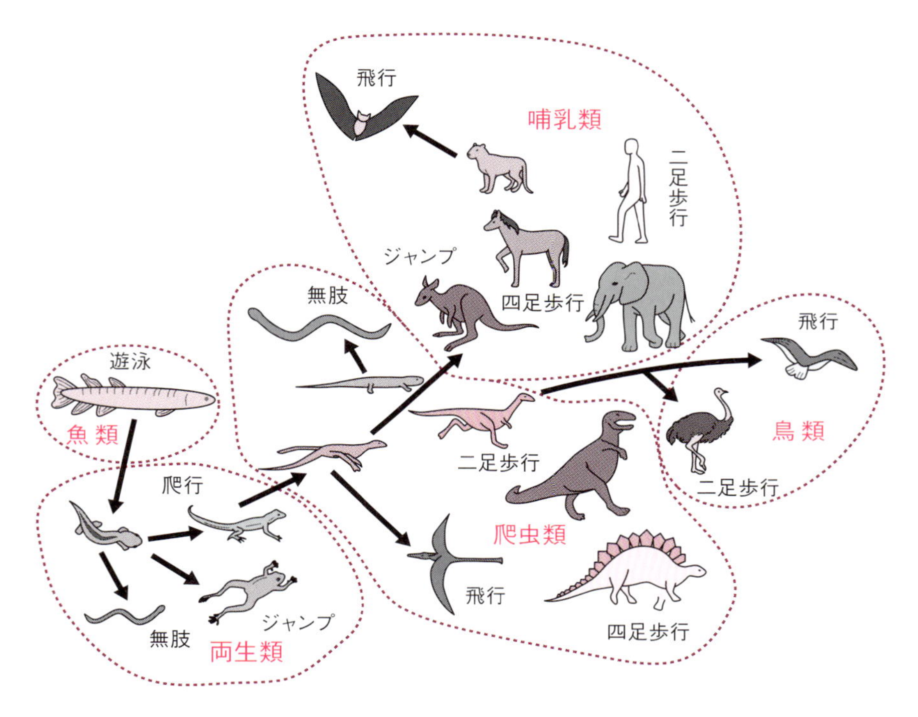

図 3.5　陸生脊椎動物の移動方式
矢印はおおよその進化傾向であり，正確な系統を示すものではない．

リと同じ哺乳類でも，ムササビあるいはヒヨケザルの飛膜は，胴体と 4 本の肢の皮膚が伸びたものである．

3.5　動物の上陸にあたっての体構造や生理の進化

水中で生活していた動物が，水から離れ陸上で生活するにあたっては，重力対策ばかりでなく，体内生理においてもかなりの改革が必要であった．それは，現生の魚類を水から離して陸に上げると短時間のうちに死んでしまう，逆にわれわれヒトは何らかの空気補給装置なしでは，水中でまったく生きていけないことから容易にわかるだろう．進化の中で上陸する際にどのような問題点が解決されたのだろうか？　進化上の主要な問題とその解決策として下記の①〜④があげられる.

①　まず, **呼吸様式**の変化があげられる. 多くの水生動物では, **えら**（鰓）を通じて酸素を取り入れ, 二酸化炭素を放出している. 水中の酸素量は大気中の30分の1ぐらいなので, 取り込みの効率を上げるために, えらの構造は, ひらひらしていたり, 表面積を増すためかなり複雑になっている. しかし, 陸上生活のためには, そのようなえらは役に立たない. そこで, 陸上動物ではえらの代わりに**肺**の進化が必要であった. 肺は空気中の酸素を取り込み, 二酸化炭素を体外に捨てる器官であるが, 現生の肺魚類はまさしく肺をもった魚類で, 水界と陸界の接点において生活している. また, 両生類のカエルは, 皮膚と肺の両方で呼吸を行っているが, その肺は単純な袋のようなもので**肺胞**はない. またカエルは横隔膜ももっていないので, 肺呼吸の効率は良くなく, **皮膚呼吸**に半分程度を頼っている. このような肺の起源となった器官は何であっただろうか. 肺は軟体部であるので, 化石的な証拠はほとんど無いが, 食道の一部が袋状にふくれて肺へと進化したものと考えられている. おそらく, 鰓裂（さいれつ）のすぐ後に位置する消化管の腹壁から, 嚢状の器官として肺は発生した. このような脊椎動物における初期の肺が進化した時期に関しては, 古生代デボン紀における魚類の板皮類で, すでに肺をもつものがいたとする説がある.

なお, 節足動物門では, 陸上で生活している種類には昆虫類とクモ類が多いが, 昆虫類では**気管**を, クモ類では**書肺**（しょはい）を進化させた. 軟体動物門では, 腹足類のカタツムリ類において肺の進化が見られるが, 代謝が活発ではないので, その構造は単純なものである.

②　**紫外線**はDNAを損傷するが, 陸上では紫外線が強いので, それに対処する必要がある. そのために皮膚において, 紫外線の浸透を妨げる黒色色素のメラニンなどを生成するように進化した. なお, 洞窟や土壌中の動物において皮膚が白色のものが多いが, それは紫外線対策をする必要がないからである.

③　**窒素代謝**の老廃物である**アンモニア**は毒性が強いが, 水溶性が大きいので, 水生動物は多量の水を利用して容易に捨てている. ところが, 陸上動

物にとって水を多量に得ることは難しいので，体内の水にアンモニアを薄めて安易に捨ててしまう訳にはいかない．そこで，アンモニアをさらに代謝して毒性の無い**尿素**や**尿酸**の形にして捨てている．哺乳類の場合は，腎臓で作られる尿水の中に尿素が溶け込んでいる．爬虫類や鳥類では糞の中に白い固形物としての尿酸を排出していて，そうすることで同時に捨てる水分量は節約されている．

④　強く乾燥する陸上では，**乾燥対策**をする必要もある．たとえば，卵と精子は水中である程度生きていけるが，水から離れたら，なんらかの対策をしないとたちまち乾燥し死んでしまう．そこで，水から離れた所に生息するようになった動物の雄は，雌の**総排泄孔**に自らの総排泄孔を付けることで精子の入っている精液を送り込み，体内に存在する卵に精子を届ける方式が進化した．この方式は**交接**とよばれ，ほとんどの爬虫類，鳥類が行っている体内受精法である．さらには，卵に精子を届ける確度を増すために，雄における外部生殖器である**ペニス（陰茎）**を用いる**交尾**が進化した．また，陸上において卵が乾燥しないような対策として進化したものは**卵殻**である．そして，受精卵が発生して胚になると，羊膜嚢の中の羊水のもとで成長していくようになった．また，乾燥が強いと体表から水を奪われるため，水が奪われないような皮膚構造が進化した．

3.6　鳥類の羽毛の進化

鳥類には，二次的に歩行生活に戻った種類もいるが，全体としては飛翔力を発揮する生活に特化した動物である．そのような飛翔のための方策として，前肢の**羽毛**が発達して翼となっている．なお，2.5 節で述べたように，鳥類の直接の祖先は**羽毛恐竜**であることが，近年の化石発見からわかりつつある．鳥類の直接的な祖先である恐竜にも羽毛を備えている種類が発見されているのだ．

初期羽毛の進化プロセスに関しては，詳細なことはわかっていないが，羽毛はどうやら**うろこ**が起源となったもののようである（図 3.6）．うろこは皮膚が革化して盛り上がった状態のものだが，それがほぐれて**綿毛**のようなも

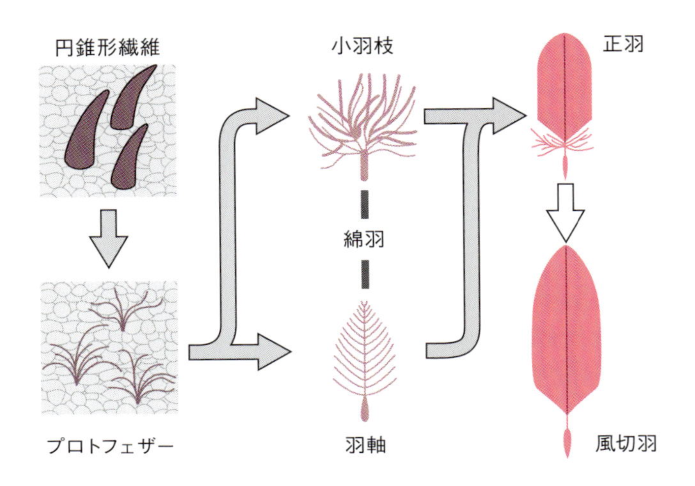

図 3.6　羽毛の進化プロセス
爬虫類のうろこはプラコード（原基）の皮膚細胞が水平に伸びたものだが，羽毛恐竜では遺伝子の変化によってそれが垂直に伸び，やがてほぐれて繊維状のプロトフェザー（綿毛）になった．さらに，それが綿羽になったが，中央の固まった部分が羽軸であり，そこから羽枝ができ，そして細かく分かれ小羽枝となった．その先端部にフックができ互いにかみ合うことで，軽いが空気流に対しては強靭な正羽，さらに風切羽が進化した．（松本・二河，2011 より）

のになり，さらにそこに**中心軸**と周辺の毛との区別が生じ，そして中心軸が太く中が空洞になっていったというのが羽毛進化の道筋である．しかし，現生の鳥類のヒナにおける羽毛が**綿毛**であり，それらはプラコード（原基）と呼ばれる皮膚細胞の集まりから垂直方向に生えてくるのに対して，爬虫類のうろこはプラコードから水平方向にできるので，生成の仕方が異なっている．

鳥類の生活にとって羽毛がいかに重要であるかは 2.5 節で述べた．

3.7　滑空性動物の移動力

現生の両生類のカエル類は，後ろ足を素早く伸ばすことで，斜め前方の空中を飛んで敵から逃げる．特殊なものとしてトビガエルの場合は，足指の間にある皮膜を広げて樹間を滑空することができる．

現生の爬虫類の中で空中を飛べるものは，東南アジア熱帯に生息しているトビトカゲとある種のヘビぐらいで，それも樹木から樹木への短距離の滑空程度しかできない．ところが爬虫類でも，中生代には翼竜類のように大空を飛翔していたものもいた．この翼竜類の中には，翼長が 20 m もの大型種もいたが，大きくは羽ばたけなかったようであり，多くはもっぱらグライダーのように滑空し，海面に近い魚類をくちばしですくい取っていたようである．

現生の哺乳類で**空中飛翔**できるのは，**翼手目**（コウモリ類），**齧歯目**（げっし）（ムササビ類），**皮翼目**（ヒヨケザル類），**有袋類**（フクロモモンガ類）の 4 系統である．そのうち，本格的に羽ばたけるのはコウモリ類のみであり，哺乳類の中でもっとも種数が多い．コウモリ類のほとんどの種は夜行性であるが，これは鳥類の多くが昼行性であることと大きなコントラストをなしている．小型のコウモリは飛翔している昆虫を摂食する種が多く，大型のコウモリは果実食が多い．その理由は，おそらく強力な飛翔力をもつ鳥類との競合，あるいは捕食からの回避により，昼と夜の時間的なすみ分けが起こったのだろうと考えられている．なお，暗闇でも飛翔できる手段として，コウモリ類は超音波を使った**エコロケーション**が大きな特徴となっているが，果実食のオオコウモリ類では，超音波は用いず，大きな眼での視覚が発達している．

3.8　水界で生活をする四肢動物

陸上で多様化した四肢動物の中で，ふたたび水界にもどって，遊泳を得意とする系統が出てきた．そのような動物においても身体が**流線形**（いわゆる魚形や紡錘形）になり，水の大きな粘性に対処をしている．四肢が有る場合はひれ状態となって，水かき（オール）のような役割をしている．魚類と同様の体形となっていることは進化の**収斂**（れん）[＊3-6]といえる．

なお，水生動物でも体長 1 mm 付近を境にして，体形が大きく異なってい

＊3-6　異なった系統の生物が，自然選択によって似たような外見上の体形をもつようになること．例として，オーストラリアにおける有袋類と他の大陸における真獣類の間では，それらの祖先は 1 億年以上前に分岐しているが，双方で生態的地位が似ている種どうしで似たような体形が見られることが有名．

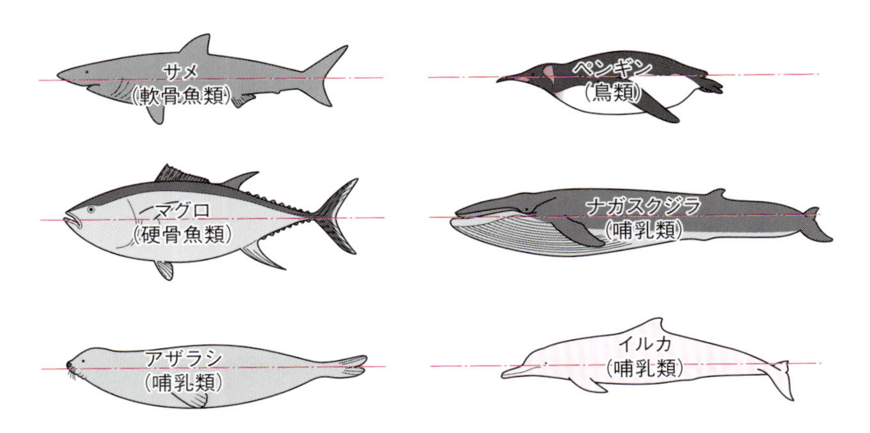

図 3.7　流線形の動物たち
サメとマグロは尾びれを左右に動かして遊泳する．アザラシとペンギンの尾部は後脚であり，上下左右に動かす．クジラやイルカの尾びれは後脚ではなく，尻尾が進化したものであり，上下に動かして遊泳する．

て，必ずしも流線形ではない．小さな動物では水の粘性力に抵抗するため，たとえば甲殻類のミジンコのように体に対して大きな第二触角を使って跳躍するように泳ぐ，輪形動物のワムシのように，頭部に多数はえている繊毛を動かしてゆっくりと遊泳するなどをしている．

水生の四肢動物は，水界への依存度によって下記の 2 つに分けられ，海洋の場合は下記のようである．

海洋常在性：海中で出産し，その一生を海で過ごす．

海洋適住性：陸上で出産し，多くを海洋で生活する．

下記の四肢動物の祖先は陸上生活していたが，後になって海辺や海洋に進出したものたちである．

爬虫類：ウミガメ類，ワニ類，ウミイグアナ類，ウミヘビ類，魚竜類（中生代に生息）

鳥類：ペンギン類，ウミガラス類

哺乳類：クジラ類（イルカ，クジラ），鰭脚類（アシカ，アザラシ），海牛類（ジュゴン，マナティー），食肉類（ラッコ，カワウソ）．なお，単孔類（カモノハシ）の場合は，淡水域のみに進出した．

爬虫類の場合は，哺乳類と比べてそのルーツはもっと古い．両生類型の祖先がいったん陸地に上った後，水界へ戻った爬虫類として，中生代における魚竜類が目立った系統である．他にも 15 もの系統が海に戻っているが，ほとんどの系統は絶えてしまい現在では見られない．現生の爬虫類のうちで海洋常在性のものは，卵胎生で幼蛇を出産するウミヘビ類ぐらいである．

鳥類では，アホウドリ，カツオドリ，カモメなどの**海洋鳥**のように，魚類をおもな食物としている種類は多い．それらは強力な飛翔力で餌を探しまわっている．他方，飛翔することを止めて，海中を泳ぐことで餌を探索し捕獲する鳥類として，南極大陸周域のペンギン類と北極海域のウミガラス類が双璧である．両者はまるで空を飛ぶがごとくに海中を泳ぐことができ，また小魚や動物プランクトンをとることができる．そして，泳ぐ際には魚類のように流線形の姿勢をとっている．

哺乳類は恐竜類が絶えた後の新生代になって陸上で大きく多様化したが，水界でも多様化が見られる．現生のそのような**水生哺乳類**の中で，最も華々しく進化したといえるのは，なんといってもクジラ類であろう．クジラ類は肺呼吸をし，また皮下脂肪が発達しているので冷たい極地の海でも生活できる．現在，クジラ類は 90 種ほど知られ，それらはヒゲクジラ（髭鯨）類とハクジラ（歯鯨）類とに分けられている．ヒゲクジラ類のシロナガスクジラなどは体長 34 m にも達していて，地球上に現れた脊椎動物としては最大のものである．季節的な移動距離の大きさや，オキアミや小魚を海水とともに一網打尽にしてひげで濾過し摂食する能力などが際だっている．ヒゲクジラ類は海水とともにオキアミなどを大量に飲み込み，口内のひげで濾過食している訳だが，呼気が通る道と食物が通る道を分離したので，それが可能になっている．つまり，舌と柔らかい二次口蓋を進化させていて，食物を処理する間に気道を塞ぐのを防止できている．大量の水を含んだり，舌で追い出したりして食物をひげで濾過している．

なお，水中では重力に束縛されないので，大量の食物を採れるようになったクジラ類は浮力のお陰で巨大な体を維持できるのである．

コラム 3.1

クジラ類の祖先と分類学的位置

数十年前までは，クジラ類がいったいいかなる哺乳類から生じたのかは大きな謎であった．しかし，現在では結構わかってきている．それは，近年になって，初期クジラ類の化石として，かつての**テチス海**（古地中海）であった地域で，陸生哺乳類から海生に至ったいろいろな移行段階の種が発見されてきているからである．このテチス海は，ローラシア大陸とゴンドワナ大陸の間にあった浅海であった．インド陸塊がアフリカから離れてローラシア大陸に衝突するとこのテチス海は干上がっていったが，今日の地中海，黒海，カスピ海，アラル海などはかつてのテチス海のなごりである．また，インド陸塊のローラシア大陸への衝突により大地が隆起してヒマラヤ山脈などになったが，その高い所にはアンモナイトなどの海産動物の化石が見つかるので，そこもかつては海であったことがよくわかる．

クジラの祖先は，カバの祖先に近いものと考えられている．1979 年から次々と発見された化石獣パキケトゥス・アットキ（*Pakicetus attoki*）が陸上にいた頃の祖先として考えられているが，それは偶蹄類の特徴をもっている．このような化石記録から考えると 1500 万年ぐらいでこの進化的移行が達成できたらしい．

上記のような種々の化石知見，現生のカバ類の知見（水陸両棲で無毛であり，おもに草食であるが肉食もする），そして最近の SINE 法などを用いた分子系統学の知見（ウシよりもクジラに近い）により，分岐分類学ではクジラ類と偶蹄類は一緒にされて**鯨偶蹄目**（Cetartiodactyla）とよばれている．しかし，現生のクジラ類と偶蹄類（ウシ，ヒツジ，シカ，など）とでは，その外部形態（ボディプラン）と生態（適応態勢）は大きく離れているので，そのことを無視してまとめてしまうことには少なからず違和感をおぼえる．

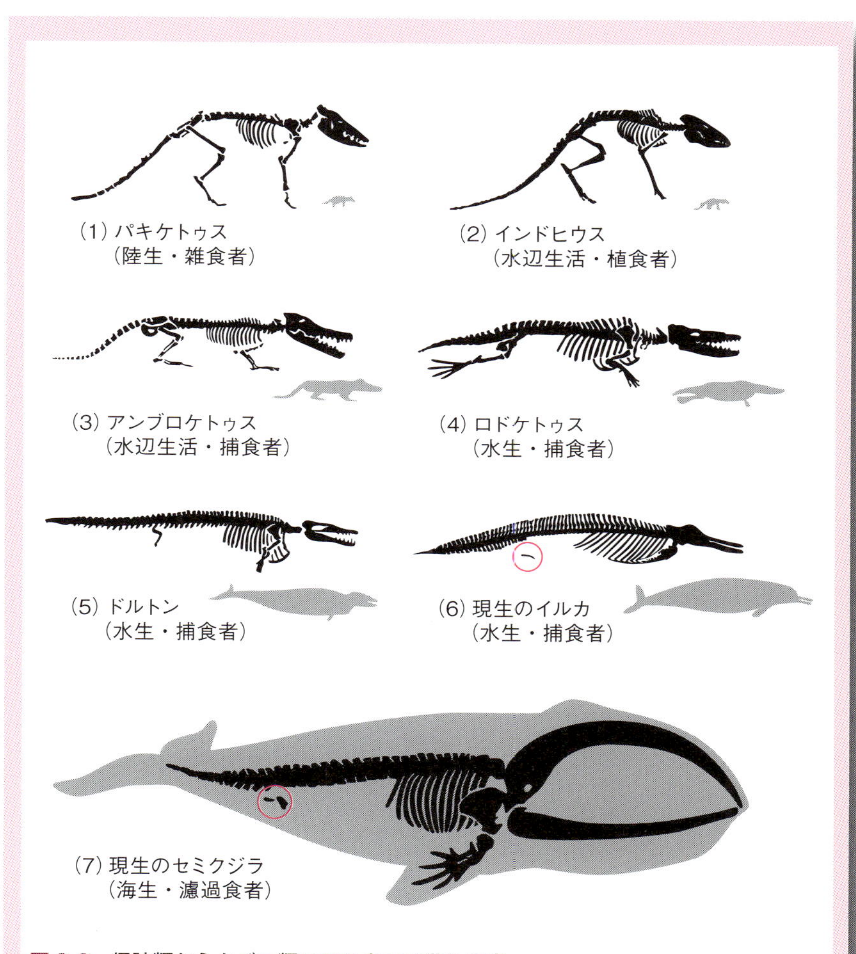

図 3.8　偶蹄類からクジラ類に至るまでの進化順序
図中の (1) から (5) は，元テチス海があった地域で発見された種々の移行化石から想像される進化順序である．体長がわずか 1 m たらずの偶蹄類の祖先 (1) から，20 m 以上のクジラ類へと体が 1500 万年ぐらいで大きくなった．そして，生活舞台は陸上から水辺を経て浅海へ，ついには海洋へと移行し，また食性も変わっていった．(6) は現生のイルカ，(7) は現生のセミクジラであり，両方とも後肢と骨盤は退化して体内で痕跡的なものとなっている（赤丸）．クジラに対する各動物の相対的な大きさが，それぞれの骨格の右下に表されている．(J. A. コイン , 2010 より作成)

ハクジラ類は大脳が発達し，水中音波を発信し反響を受け止めて海の中を探るが，それを**エコロケーション**（**定位反響**）という．水中音波の発信には鼻孔通路の上部にある**音唇**とよばれる構造が使われている．クジラ類の鼻孔は頭の上部にあいていて，喉奥からの呼気が**鼻孔通路**を通る際に音唇が振動する．その振動は音唇の前部にある**メロン体**とよばれる脂肪組織で音波として整形され，頭部前方に発信される．**クリック音**とよばれ採餌などの際に使用される（図 3.9）．ガンジス川や揚子江のような濁った水の巨大河川にすむカワイルカ類では，このエコロケーションがとくに役立っている．種々の音声は群れ仲間との高度なコミュニケーションにも使われているようだが，それらの音声の意味についてはまだ詳しくはわかっていない．

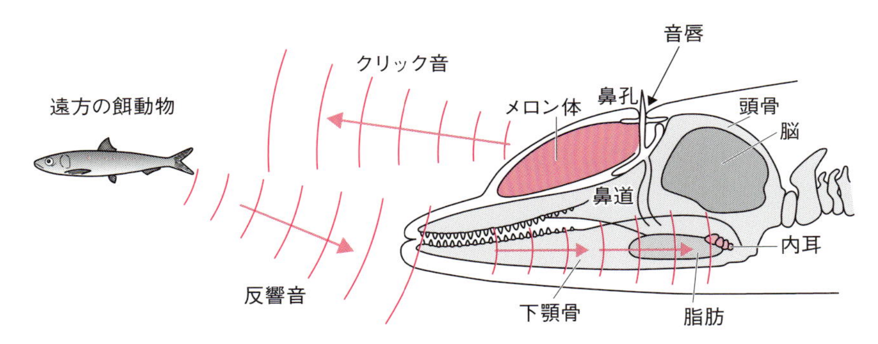

図 3.9　イルカ頭部の断面図とエコロケーションの説明
喉奥からの呼気が動く際に音唇が振動する．その振動がメロン体でクリック音となり水中に発される．餌動物などにぶつかったクリック音は反響音となって戻ってきて，イルカの下顎骨を通り内耳に達する．矢印は音波が伝わる方向．（カール・ジンマー，2000 より作成）

3.9　無機環境の周期性が動物の生活に与える影響

地球の無機環境においては，太陽日射の日周変化そして年周変化，あるいは降雨の年周変化などが，いわば規則正しく起こっている．このように自然の無機環境には**周期性**があるわけだが，動物たちはそれらに対応して，生活上のさまざまな適応力を発揮している．

動物における 1 日の**活動の時間**をみると，昼夜分かたず活動する種は少なく，おもに昼間に活動するもの，夜間に活動するものに二分される（図 3.10）．それらを**昼行性**，あるいは**夜行性**という．このように活動が昼夜に分かれる理由には，動物群集における食う - 食われる関係が大きく反映している．多数の哺乳類が生息している熱帯雨林では，それらの生息場所，食性，そして活動時間は，温帯や亜寒帯の哺乳類に比べると実に多様である．

眼は，光という太陽からやってきた電磁波を利用した，いわば環境状況を探索する装置である．その太陽光は，昼と夜とでその強度が大きく異なる（夜においては，月面に反射して月光として地球に届くか，大気を屈折してわずかに届く）から，捕食者も被食者もその周期性に合うよう，眼の性能とともに活動性の進化が起こったわけである．なお，自ら発光する生物がいるが，その発光は配偶相手や餌動物を誘引するために使われている場合が多い．

太陽日射量，その影響の元での**気温**および**降雨量**の 1 年間における周期的

図 3.10　マレー半島の熱帯雨林における哺乳類の適応放散
（松本・二河，2014 より作成）

な変化は**年周変化**とよばれている．地球上には赤道直下のように，年周変化がほとんど無い地域もあるが，そこ以外では多少の揺らぎはあるものの，規則的な季節変化が存在する．そして，無機環境の季節変化に合わせて動物の活動の変化が見られる．たとえば，多くの動物は 1 年間の季節変化に伴って**生活環**を同調させている．とくに寿命が短く，成長に伴って卵，幼虫，さなぎ，成虫と変態を行う昆虫などでは，光や気温の周期性を感知して生活環を合わせている種類が多い．哺乳類では，求愛行動，出産，**換毛**（かんもう）（毛替わり）などがこのことに該当する．

動物の**季節移動**も，無機環境の年周変化に伴っているよい例である．季節移動として，海産生物（魚類やクジラなど）の**回遊**や，飛翔生物（鳥類や昆虫）の**渡り**がよく知られている．季節移動をする理由には，食物や水の存在量の変化，そしてそれに対応した繁殖の適合性がある．とくに緯度が高くなるにしたがって年間の太陽日射そして気温の変化が大きくなり，それが生物にとっての食物の得易さに大きな影響を及ぼしていて，その変化に対応して大規模に移動する動物がいる．つまり，季節は冬季と夏季における寒冷と温暖，乾季と雨季における乾燥と湿潤という形で動物に大きな影響を与える．それらの変化に伴って餌の存在量が極端に変化すれば，量が少ない時期には生活することができない．図 3.11 は，鳥類で長距離の渡りを行うアジサシの，アラスカからオーストラリア南東部への渡りの推定経路である．このように長距離の渡りを行う鳥類は，移動先々での**偏西風**や**貿易風**などの追い風を巧みに利用しているものと思われている．

一般に，鳥類では渡りの途中でときどき陸上や海面に降りる．しかし，オオソリハシシギの場合は，秋にアラスカから越冬地のニュージーランドまでの 1 万 1000 キロを，休むことなくなんと 6 ～ 9 日間飛行して渡ったことが，電波発信器を付けた個体の追跡調査から知られている．その場合，渡りを終えると体重は半減していたという．

なお，動物によっては十年以上の長い周期の生活環が見られる．典型的な例は北米に生息する 13 年ゼミと 17 年ゼミで，このセミは 13 年ないし 17 年目の夏季のみに成虫がいっせいに出現するという大変変わった種類である．

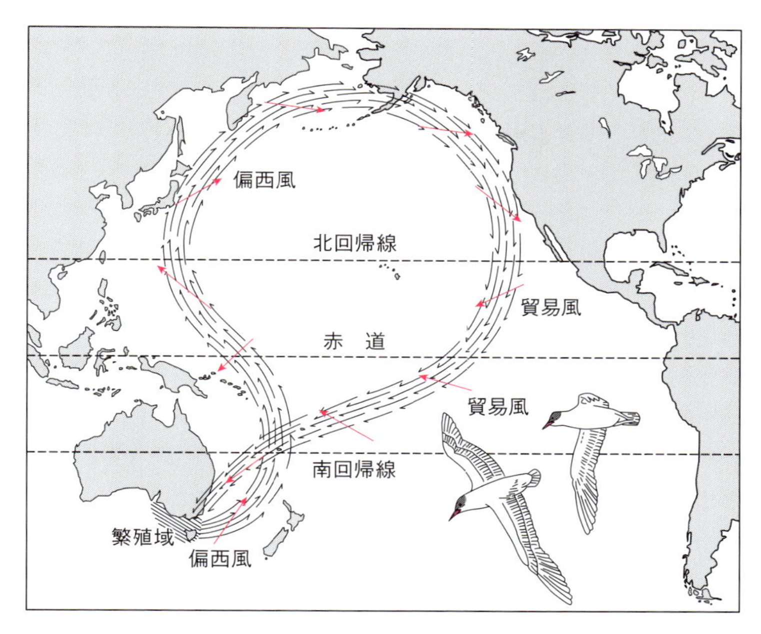

図 3.11　アジサシの渡り経路
矢印は卓越風の向きを示している．
(F. Harvey Pough *et al*., 1989 を参考に作成．A. J. Marshall & D. L. Serventy, 1956)

このような長い**周期**をもって成虫が**一斉出現**を行う理由としては，捕食者からの回避があげられている．

3.10　動物の体温

カンブリア紀以前の動物は，体制がかなり単純であったが，現生の動物たちはきわめて多様な体制をもち，また多様な生活様式が見られる．その多様性を知るために，ここでは動物の体温のことを考えてみよう．なぜなら，体温は体内代謝の様相の反映であり，それは生息場所や食物資源と大きく関係しているからである．図 3.12 は，縦軸に**内温性**であるか，**外温性**であるか，そして，横軸に**変温性**の程度と，**恒温性**の程度を表している．ここで，内温性とはその動物自身が体の代謝によって体温を高めていることであり，外温

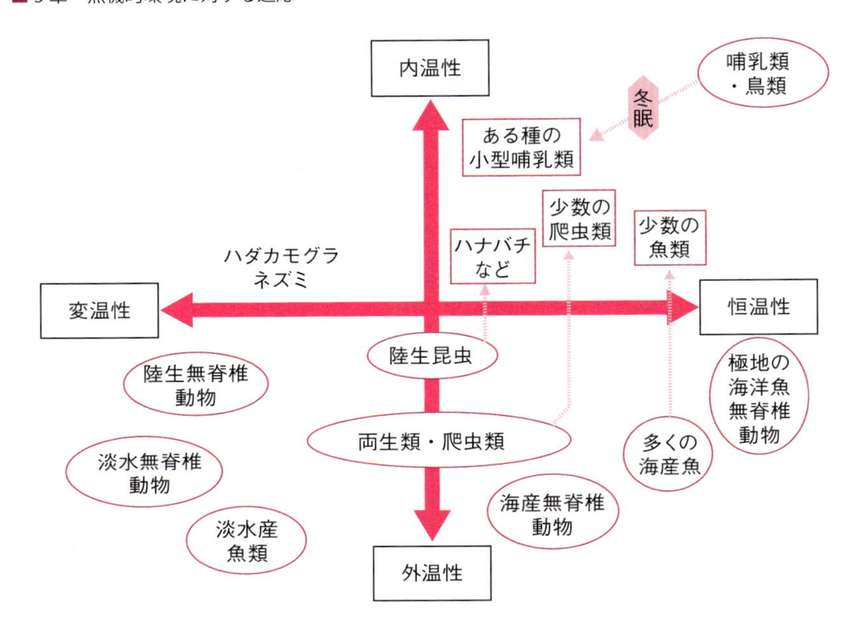

図 3.12　動物の体温の外環境との関係
細い矢印は楕円で囲まれた多数派に対して，少数のものの体温性質が変化したことを意味している．（P. Willmer *et al.*, 2005 より作成）

性とはその動物の体温が日射熱などの環境から流入した熱エネルギーに依存することを表している．また，変温とは体温の変化を意味し，恒温とは体温が変化しないことを意味している．

外温性動物の体温は，その個体が生息している環境の温度とほとんど同じである．ところが，内温性動物の体温は，種によってだいたい決まっていて，環境温度に関わらず 35℃から 42℃の範囲にある．この範囲は，動物たちが高い活動力を維持するために活発な体内代謝を行っていることを意味している．哺乳類と鳥類は典型的な内温性の動物であり，鳥類は飛翔するせいか，哺乳類に比べて若干体温が高い傾向にある．なお，その生物の仲間が外温性でも，ハナバチ，少数の爬虫類と魚類などにおいて，活発に動くことで生じる代謝熱を使用して環境温度より高い内温を作っている動物たちがいる．

変温性と恒温性の違いは，外界の温度変化との関係である．変温性の動物は外界の温度が変動すると体温も変動するが，恒温性の動物は，外界の温度が変動しても体温があまり変動しないものたちである．また，これには極地海洋のように外界の温度変動がそもそも小さいところにすむ動物も含まれる．

3.11　脊椎動物の体重と代謝率

図 3.13 は，脊椎動物の内温動物と外温動物における体重と**全代謝量**の関係を表している．この図では，縦軸，横軸ともに対数スケールであることに注意しよう．なお，全代謝量とは，個体が安静時の時間あたりの代謝量である．まず，この図から読み取れることは，内温動物の方が外温動物より代謝量が大きいことである．また，体重が大きくなればそれだけ代謝率が大きくなっていることである．内温動物が体温を維持する（生命活動としての**基礎代謝**を行っている）ため代謝量が大きいのは，ある意味当然である．興味深い点は，その体重あたりの基礎代謝が小型動物では大きく，大型動物では小さくなっていることである．これは図 3.13 における直線の勾配が 1 より小さいこと

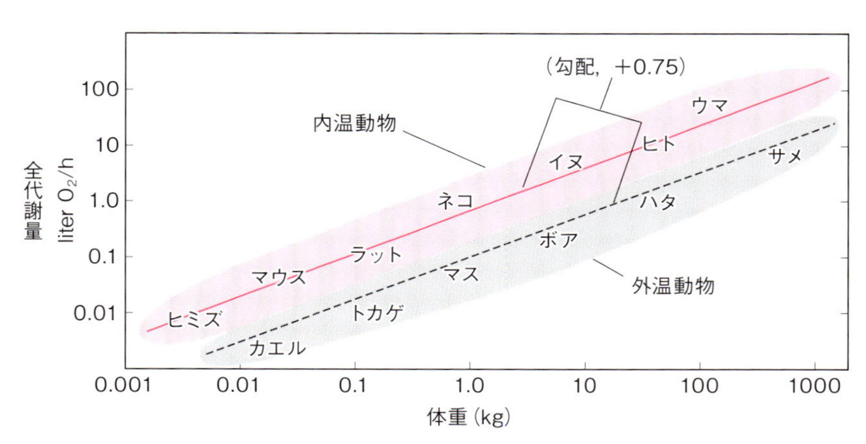

図 3.13　動物の体重と全代謝量（時間あたりの酸素消費量で表している）との関係
（F. Harvey Pough *et al*., 1989 を参考に作成）

からわかる．このことは動物たちの生活様式，とくに食性や活動性と大きく関わってくる．トガリネズミ，ハツカネズミなどの小型哺乳類そして小鳥類では，昆虫や種子などの高エネルギーの食物をとるが，それは体重あたりの高い代謝率を保証するためである．しかし，そのような食物は面積あたりの存在量があまり多くないので，それらを採餌するために活発に行動しなければならない．他方，ゾウ，ウマ，キリンといった大型哺乳類では，おもな食物は維管束植物の葉や茎である．これらの植物は繊維質が多くて消化しづらく，重量あたりの利用可能なエネルギーは小さい．しかし，面積あたりには多量に存在しているので，通常はさほど大きく運動しなくとも採餌することができる．だが消化率が悪いので，そのための消化器官が必要となっている．

3.12　基礎代謝率の気温との関係

哺乳類は体を維持するための基礎代謝，あるいは体を動かすために**活動代謝**が必要である．変温性の爬虫類や両生類に比べれば，非常に活発な代謝を

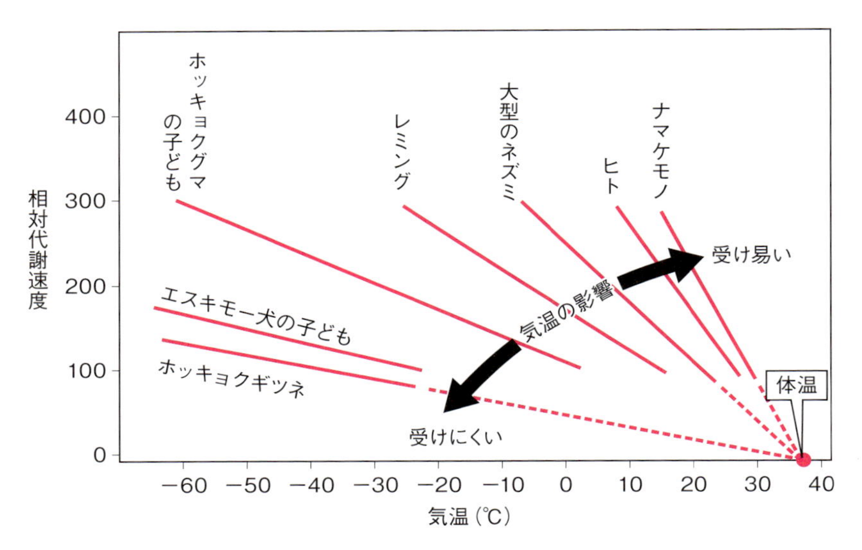

図 3.14　哺乳類における相対代謝速度の気温との関係
（P. Willmer *et al.*, 2005 より作成）

行っているのだ．では，その代謝率は気温とどのような関係があるのだろうか？　たとえば，寒帯や高山のように気温が極端に低い地域にすんでいる哺乳類は，体温を奪われてしまうため，体温維持のために温帯や熱帯の哺乳類に比べてずっと代謝率を高めているにちがいない．図 3.14 は，気温と哺乳類の代謝速度の関係を表している．どの哺乳類も気温が低下すると代謝速度が大きくなるのは同じである．しかし，北極域のような非常に寒い地域に生息している哺乳類は，その影響が比較的小さい．熱帯に生息しているナマケモノは，気温が低下すると代謝速度の増加が著しい．ヒトはもともと熱帯域で進化したせいなのであろうか，やはり気温の低下とともに代謝率の増加が著しい．

3.13　寒さに対する耐性－哺乳類の毛皮の断熱性－

なぜ寒帯や高山などの寒い地域にすむ哺乳類の代謝は，気温の影響をさほど受けないのだろうか．これは哺乳類がもっている毛皮や皮下脂肪と密接な関係がある．図 3.15 は，哺乳類の毛皮の厚さと，その**断熱性**の関係を表し

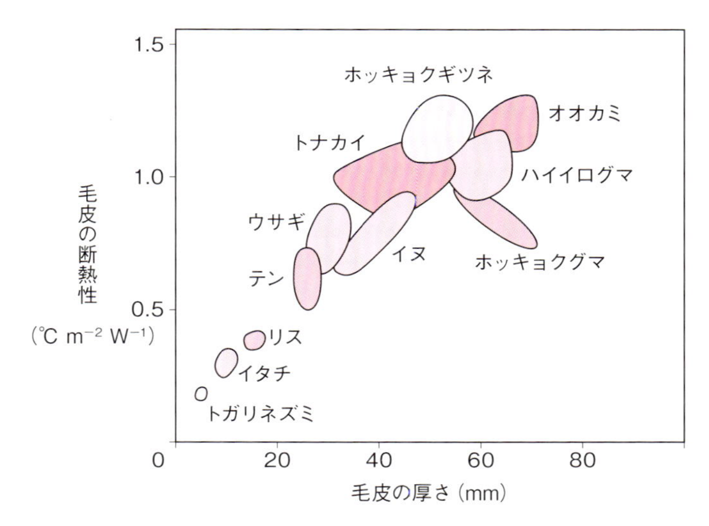

図 3.15　哺乳類における毛皮の厚さと断熱性の関係
（P. Willmer *et al*., 2005 より作成）

ている．図中の右上にみられるオオカミ，ホッキョクギツネ，ホッキョクグマ，ハイイログマ，トナカイなどは寒帯に生息していて，厚い毛皮をまとっている．それらは断熱性が高いので，極端に寒い冬季にも対処できる．小型哺乳類は必然的に毛皮の厚さは小さくなってしまい，断熱性が低い．そこで，次節で説明するように，小型哺乳類では冬季になると，身体が凍らない程度に体温を落とし，**冬眠**を行う種類がみられる．

なお，クジラ，アザラシのような寒い海洋に生息している海生哺乳類は毛皮によって断熱するよりも，皮膚下にある厚い脂肪層で体温の流出を妨げていて，環境温度が零下℃でも体温は37℃ぐらいを保っている．

3.14　休　眠

生物の生息環境は，いつもその生物にとって好ましいものとは限らない．たとえば季節によっては，厳しい乾燥や低温あるいは高温に耐える必要が出てくる．そんな厳しい環境が周期的にやってくる場所に生息する生物は，生活環において身体的な活動や成長を一時的に休止する時期をもつものが多い．生物はその期間に代謝活動を最低限に抑えることでエネルギーを節約するが，そのことを**休眠**といっている．おもな休眠として低温に対処する**冬眠**と，高温および乾燥に対処する**夏眠**（かみん）（乾季眠）があるが，以下，それらを簡単に説明する．

3.14.1　冬　眠

哺乳類では，ヤマネ，シマリスなどの小型種で冬眠するものが多いが，ホッキョクグマのような大型種でも冬眠がみられる．哺乳類全体で見ると，18目約4000種のうち7目約180種において冬眠をすることが知られている．寒帯や亜寒帯に生息する種において冬眠が多く見られるので，そこでの食料が極端に少ない冬をやり過ごすための普遍的なシステムとみることができる．なお，同じように冬眠と言っても，シマリスやヤマネのような齧歯類の冬眠とクマ類とでは，体温の維持において大きく異なる．ヤマネなどの小型哺乳類では，冬眠時の体温を凍らない程度に環境温度近くまで低下させる．小型種は体重あたりの体表面積が大きいので，体温を高く維持するのに大きなエネルギーを必要とする．そこで体温を低下させた冬眠によって過剰のエネルギー消費を避けている．一方，大型哺乳類のクマ類では，冬眠時に体温は下がらず，いわば睡眠に近い状態であり，雌は一時起きて出産・授乳まで行う．そこで，これは冬眠ではなく**冬ごもり**であると区別される場合がある．なお，冬眠に備えるため，秋口に多量の摂食を行い，体内に脂肪などで多量のエネルギーを貯蔵している．

3.14.2 夏 眠（乾季眠）

熱帯や亜熱帯などの，より高温そして乾燥の時期が訪れる地域に**夏眠**（乾季眠）をする動物が多い．哺乳類では，マダガスカル島でのネズミキツネザルが，厳しい乾季に夏眠を行うことで有名である．このキツネザルは太い尾の部分に脂肪をたっぷりと蓄え，それから代謝水を得ている．魚類では肺魚の仲間が，泥を粘液で固め，その中で水が少なくなってしまう厳しい乾季をじっとやり過ごす．生活環が比較的短い昆虫類では，夏眠（乾季眠）をする発育段階が，卵，幼虫，さなぎ，成虫などと多彩である．

4章 食物獲得

動物の生活は基本的に，独立栄養性の生物に大きく依存した従属栄養性である．それは，ほとんどの動物は生きていく上で，他の生物体ないし，その生産物を摂取しなければならないことを意味している．本章では，そのような基本的な性質を保有している動物たちが，自然生態系における食物の獲得において，どのように他の生物との関係をもっているかを述べる．

4.1 生物群集における食物連鎖

通常，自然生態系における生物群集は多数の生物種から成り立っている．そこでは独立栄養生物（一次生産者）である緑色植物が光合成によって有機物を生成するが，それを生態学においては**基礎生産**という．そして，その緑色植物の体や生産物を摂食する動物を，**消費者**あるいは二次生産者といい，さらにその動物を摂食する捕食動物，さらにそれを捕食する上部段階の動物というように，**捕食 - 被食関係（食う - 食われる関係）**を見ることができる．このようなことを**食物連鎖**といっているが，通常の自然生態系ではこの関係は大変複雑である．そこで，それらの連鎖関係が網目のようにつながっていることを重視して，**食物網**という用語も使われる．自然生態系における食物連鎖は単純な 1 本の鎖のようなものではなく，多数の枝があり，それらが複雑につながって全体として網目のような関係なのである．図 4.1 は海洋における生物群集における食物連鎖の例を示している．外洋生態系，大陸棚生態系，湧昇生態系を比べると，食物連鎖の段階数が異なっている．

捕食 - 被食関係（食う - 食われる関係）が生じ始めると，動物たちはたちまち激しい生存競争にかりたてられていった．そして，捕食のため，逆に防衛のための形質が大きく進化し，いわゆる**軍拡競争**が起こった．競争の結果として，運動力，武器そして感覚器官の性能向上が見られる．

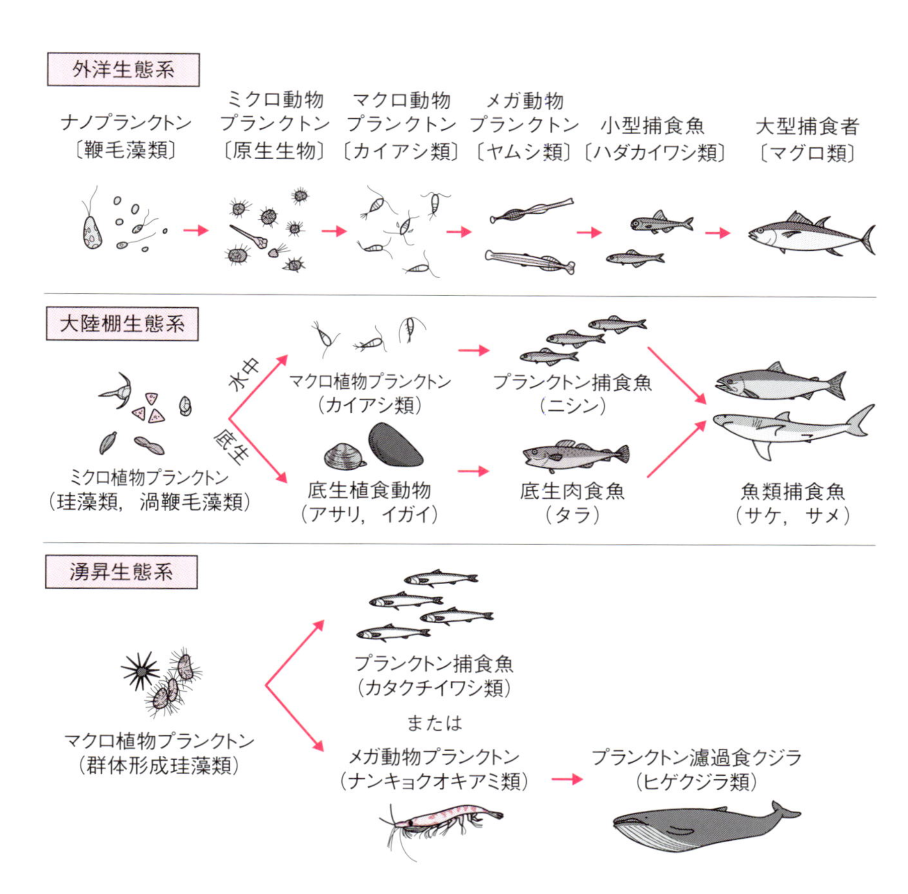

図 4.1 海洋の生物群集における食物連鎖の例

ここでは食物連鎖をまとめて栄養段階で示している．出発点に位置する藻類は生産者であり，以後 他生物を摂食するものたちは消費者である．外洋生態系では，栄養段階が多く 6 〜 7 段になっている．それに対して大陸棚の生態系では 4 段程度で，湧昇生態系では 3 段程度である．なお，バクテリアなどの分解者は示されていないが，海洋では食物連鎖において大きな位置を占めるものがいる（松本・二河，2014 より；高橋，2003）．

コラム 4.1
深海熱水域における特異な動物群集

1977 年にガラパゴス諸島の東側にある深海底において，特異的な生物群集が発見された．それは海底から立ち上がっている大きな煙突のような**熱水噴出孔**の周り（**深海熱水域**という）におびただしくマット状に繁殖しているイオウ酸化細菌などの**化学合成細菌**と，それらを摂食している動物，そして化学合成細菌を体内に共生させている動物であり，また，それらの動物を捕食する動物たちであった．化学合成細菌は熱水噴出孔から出てくる硫化水素やメタンの酸化エネルギーで二酸化炭素を固定し，有機物を生産する．その有機物の消費者としての動物たちは，シンカイヒバリガイ，シロウリガイ，エビ類など，それにハオリムシ（チューブワーム）である．なお，ハオリムシは環形動物門の多毛綱に属しているが，口，消化管，肛門などもっていなく，もっぱら栄養獲得を細胞内共生をしている細菌に頼った特異的な生物である．その後現在までに，世界中の火山活動が活発な深海底で多数の熱水生態系が発見されている．

また，動物たちばかりではなく，植物たちも動物による食害からその身を防衛するようになった．自然選択要因の比重が，もっぱら無機的環境に対処するものから生物的環境に移ってきたのである．

なお，食物連鎖が生きた植物から出発する場合を**生食連鎖**，種々の生物遺体から出発する食物連鎖を**腐食連鎖**といっているが，連鎖の上部段階になると先に述べたように網目のような関係となっている．なお，近年，海洋生態系では食物連鎖の中で，バクテリアや原生生物などの微生物が占める位置が大変大きいことが指摘されているが，それらを**微生物連鎖**という．また動物には，他動物が体の表面や消化管内，あるいは体腔や臓器内に寄生し，その動物の同化産物を摂取したりするものもいるが，そのような寄生者にさらに寄生する動物がいる場合には，そのことを**寄生連鎖**といっている．

4.2 動物にとっての食物資源

動物は**従属栄養生物**であり，その生活の基本として食物資源の獲得がある．たとえば，海洋における動物群集の成り立ちの基礎には，シアノバクテリア，光合成藻類などの**独立栄養生物**の存在が必要である．化石記録からは，植物は約 4 億 5000 万年前のオルドビス紀までは地上に現れていない．進化史の過程で，植物が海から上陸すると追いかけるように動物は陸に上がった．

陸上での動物群集において基礎となる食物資源は，光合成を行う植物である．植物は動物からやたらに食われないようにする形質を，進化過程で獲得していった．それらの形質は，植物体を硬くする，動物にとって害となる毒物質を蓄える[＊4-1]，刺(とげ)や毛を備えるなどである．それに対して，植食動物は口器の性能を高めて植物を摂食できるようにしたり，植物が保有した毒物質に対抗する機構（解毒など）を獲得して対抗した．これはいわば動物と植物間の軍拡競争である．その結果として，動物と植物の食う - 食われる関係が特定の動物種と特定の植物種との関係になっていくなどで大きく多様化した．

一方，他動物を捕える生物である**捕食者**，あるいは動物の死骸を食う生物である**腐肉食者**も多様化していった．動物にとって，他動物の体はタンパク質，脂質，そしてビタミンなどの微量栄養素がまとまって得られる“栄養の固まり”である．それをいかに効率よくとるかという生存競争によって，動物間における食う - 食われる関係において，種間の対応関係が 1：1 になるなどして複雑になっていったと考えられる．

＊4-1 植物が備える動物に対する毒物質の多くは二次代謝物であり，それらには，アルカロイド，非タンパク性のアミノ酸，フェノール，テルペノイド，青酸グリコシド，植物性フェノールなどがある．

コラム 4.2

動物にとっての栄養素

図 4.2 は，動物が体外から摂取する食物に含まれる物質のカテゴリー分けを行ったものである．

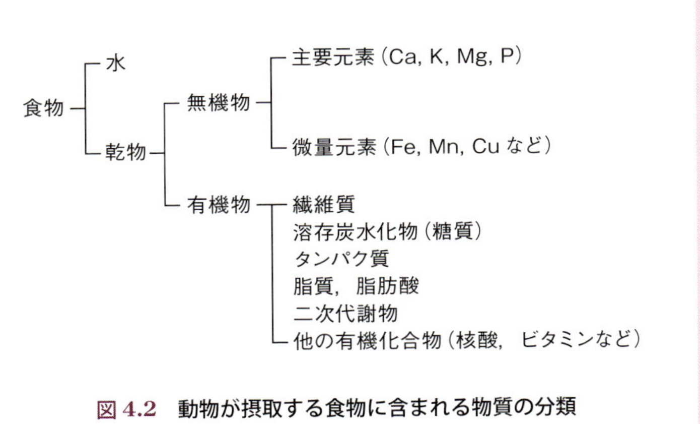

図 4.2　動物が摂取する食物に含まれる物質の分類

① **糖質**はエネルギー源として使われる．ヒトでは米や小麦などに入っているデンプンが主要な糖質源であるが，食物中のショ糖をとる動物が多い．
② **脂質，脂肪酸**も糖質と同じようにエネルギー源として使われる．脂肪酸は天然の脂質の構成成分をなしている有機酸であり，広く動植物界にみられるものである．
③ **タンパク質**は 20 種類のアミノ酸から構成されている．それらのアミノ酸のうち 10 種類は通常の動物にとって必須である．残りの 10 種は，他のアミノ酸から合成することが可能である．

④ **ビタミン類**の要求性は動物によって多少異なっている．体内に共生微生物をかかえている動物では，ビタミンの合成をそれらに頼っている場合が多い．
⑤ 動物が摂取する**ミネラル**（無機塩）類として，Ca，K，Mg，P などの化合物が必須であるが，必要とする量は少ない．なお，Fe，Mn，Cu などの金属元素もわずかながら必要である．

4.3　動物の多様な食性

自然生態系には動物の食物として，実に多様な**有機物**が存在している．しかし，動物の特定の種に注目した場合，動物たちはかなり限定された食物しか摂取していないといえる（そうなった理由は 4.2 節に述べた）．動物が体内に取り込む食物内容や，食物を取り込む方法を**食性**という．ここで，どのような用語があるかあげてみよう．

摂食対象の内容に関係した用語としては，植食性（植物食性），草食性，葉食性，種子食性，蜜食性，肉食性（動物食性），雑食性，腐食性，菌食性，プランクトン食性，デトリタス食性，など多数ある．

摂食対象の多様性に関係した用語としては，単食性，少食性，多食性，汎食性，狭食性，広食性などがある．

摂食の方法に関係した用語としては，捕食，寄生，捕食寄生，濾過食，グレージング（むしり食い），待ち伏せ，吸汁，吸乳，吸血などがあげられる．

ギルドという用語は，動物の生態系における地位を，おもに食性および摂餌行動から見たものである．この用語はヨーロッパ中世の“同業組合”をなぞらえたものであるが，生態系においてある共通の食物資源に依拠して生活している複数の種をさし示す．たとえば，昆虫食ギルド，種子食ギルド，草本食ギルド，花蜜食ギルドなどといった使い方をするが，そのカテゴリー分けはどのようなことを説明したいかの目的に応じた任意的なものである．

4.4　鳥類におけるくちばしの役割

動物において，食物を取り入れる口器の構造は，その動物の食性に応じた形態や大きさとなっている．鳥類において口器は**くちばし**であるが，その形態は食性とどのように関係しているのであろうか．

それを説明する前に，鳥類においては食物を獲得するために，いくつかの特徴がみられるので，それらを列挙しよう．

(1)　飛翔することで，より広い範囲の食物を探索することができる．

(2)　祖先の羽毛恐竜が保有していた顎における歯がなくなり，その代わりとしてくちばしが発達した．くちばしは表面がタンパク質のケラチンから

図 4.3　鳥類のくちばしの多様性とその機能
（松本・二河，2011 より）

成り立っている.

(3)　摂食した食物を蓄える**素嚢**と，その食物を砕く器官として**砂嚢**（筋胃）がある．この砂嚢の中に多数の小石を入れ（胃石という），砂嚢の強力な筋肉でそれらを擦り合わせることによって摂食物を細かくする．なお，鳥類の祖先である恐竜類も砂嚢をもっていたらしい.

(4)　**足指**が多様化していて，食物をつかむのに適している．第5番目の指がなくなり，第1指が他の3本の指と向かい合って物体をつかむのに適している.

鳥類における**くちばし**や足指のおもな機能は，食物の捕獲や粉砕のためであり，その形態は，どのような食性であるかと密接な関係をもっているといえる.

その例として，図4.4は干潟で採餌を行うシギ類のくちばしの形態・長さと餌動物との関係を表している．餌動物が生息している干潟表層からの深さに応じてくちばしの長さが大きくなっている.

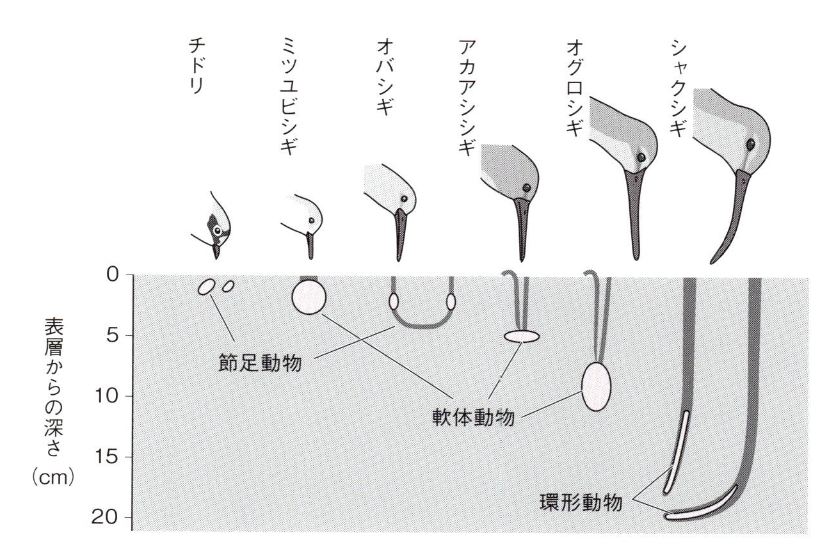

図4.4　シギ類のくちばしの形態・長さと餌動物との関係
（松本・二河，2014aより）

4.5　脊椎動物における歯の役割

脊椎動物が頭部の顎に保有している歯は，食物を摂取したり，それらを物理的に細かくするために使われている．歯の進化的な由来は，古い時代の魚類における体表の甲皮にある多数の小さな骨片の一部からだと考えられている．魚類のものは原始的であり，軟骨魚類のサメ類では列になった尖った歯が繰り返し生えてくる．ワニ類，ヘビ類，トカゲ類，あるいは中生代の恐竜などの爬虫類が保有している歯も単純に尖ったもの（**単錐歯**）であり，すべての歯は同形で，顎を閉じたときにそれらの歯は互い違いでかみ合わない（図4.5）．

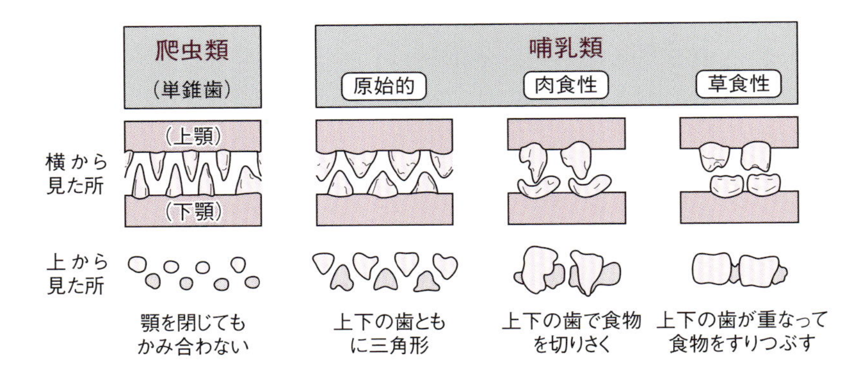

図4.5　爬虫類と種々の哺乳類における歯のかみ合わせ
（松本・二河，2011より）

4.6　哺乳類の適応放散と歯の進化

哺乳類は恐竜たちが白亜紀末に絶滅した後，新生代になって急速に適応放散をしていった．それまでは哺乳類のほとんどは小型で，おもに昆虫や他の小動物を食物にしていたと思われるが，次第に大型のものが出始め，被子植物の多様化とともに，草食，樹葉食，種子食，果実食と餌メニューを広げていった．そして，動物が動物を食う，つまり**捕食性**の哺乳類も多様化していった．中でも，ネコ科やイヌ科は大変巧みな**ハンター**として進化し大きな牙（犬歯）を保有している．なお，歯は堅いエナメル質と象牙質からできていて，化石としてよく残る．そのため**歯冠**の構造は哺乳類の分類に，そしてどのような生態であるかの推察によく役立っている．

大きく適応放散した哺乳類においては，**顎**骨およびそれについている**歯**の形態が食性と大きく関係している．そのことは，鳥類における**くちばし**の形態が，食性と密接な関係をもっているのと類似している（4.4 節）．

真獣類の化石としては，2003 年に中国から報じられた中生代の白亜紀前期（約 1 億 2500 万年前）のものが最も古い．そのような化石で見られる原初の哺乳類の歯も，爬虫類の歯と同様に尖っているが，**咬頭**[* 4-2] がある．恐竜たちが隆盛であった中生代においては，哺乳類は小型で日陰の存在であり，それらの化石の多くは歯であるが，それらの形態から考えると，ほとんどが現生の**食虫類**（トガリネズミ，ヒミズ，モグラなど）のような小型種で，節足動物やミミズなどの土壌動物を摂食していたと思われる．

哺乳類の原始的な種においては上下の歯がかみ合わないが，より進化した種では，歯の「かみ合わせ」が発達していった．そして，それらのかみ合わせの様相は，食性および食物の処理方式を大きく反映している（図 4.5）．たとえば，肉食動物の**犬歯**や**肉切歯**は先が尖っていて，餌動物にかみ付き，肉を切り裂くのに使われる．草食動物や雑食動物がもっている**臼歯**は，表面が平らになっていて，上下の臼歯が合わさって食物をかみ砕き，すりつぶすのに便利になっている．たとえば，ゾウ類の場合は巨大な臼歯が上下左右に 1 本ずつの計 4 本生え，それらの表面はギザギザに波立っていて，植物をすり潰すのに便利である．しかも，古びてくると奥にある臼歯から脱落し，一生の間に 6 回も生え変わっていく．このように哺乳類の食生活にとって歯は大変重要であるが，たとえば，ヒゲクジラ類やアリクイのように，食物がごく小さく物理的に粉砕する必要がなくなった哺乳類では，歯は退化している．

＊ 4-2　歯の上面にあるいくつかの凸部．

4.7　消化器官における食物の分解と吸収

動物における**消化器官**は，消化管とその付属腺からなり，消化管は口器から始まって肛門で終わる長大な管である．われわれヒトでは 6 ～ 8 m，偶蹄類で 30 ～ 40 m，マッコウクジラではなんと 200 m を越えるという[＊4-3]．いわば外部とつながった管であり，その内部に消化管壁からそして肝臓やすい臓から，各種の**消化酵素**が分泌される．そして，口器から取り入れた食物が分解され，消化管壁の細胞から吸収される．図 4.6 は，そのような消化管壁を構成している細胞の中へ，炭水化物，タンパク質，脂質の **3 大栄養素**が，どのように分解されて吸収されるかの様子を表している．

多糖類のような炭水化物は，消化酵素で単糖類に分解されて吸収される．タンパク質の場合は消化酵素によって異なるが，アミノ酸，ジペプチド，トリペプチドくらいに分解されて吸収される．脂質はモノグリセリドと脂肪酸からなるが，それらに分解されて吸収される．

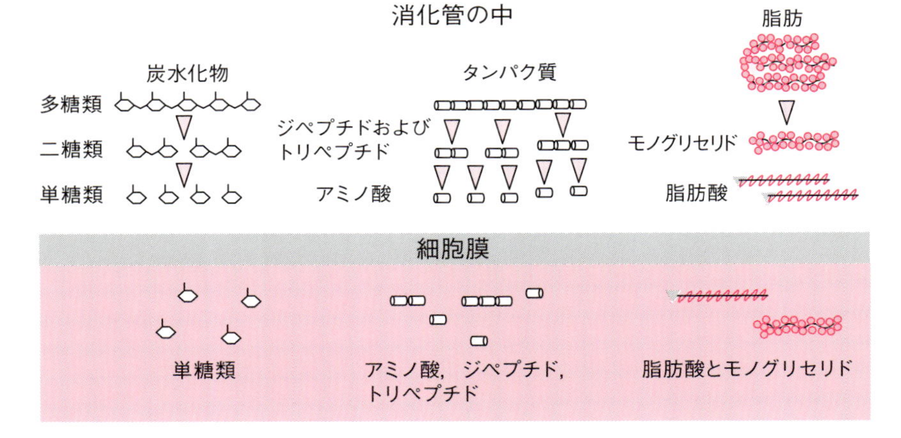

図 4.6　動物の消化器官における 3 大栄養素の消化吸収プロセス
（松本・二河，2014a より）

＊ 4-3　体長に対しても 20 倍以上もあるが，その理由は大量のイカを摂食するかららしい．

動物が生み出す花の多様性

岡本朋子（おかもと ともこ）

人間を含む全ての生物に共通する大きな課題、それはいかにして“繁殖を成し遂げるか”であると言えます。動物の場合、姿や巣の美しさ、力強さ、餌をとる能力など、種によって様々な戦略で異性を惹き付けています。では自ら動けない植物はどのようにして離れた場所にいるパートナーと出会うのでしょうか？　植物の多くを占める種子植物の繁殖の舞台は“花”、そして重要な役者は昆虫をはじめとした多くの動物たちです。多くの裸子植物や一部の被子植物は風や水によって花粉が運ばれますが、被子植物の90％以上は動物によって花粉が運ばれることが知られています。

花粉を運ぶ動物は“送粉者”とよばれ、コウモリなどのほ乳類、ハチやガなどの昆虫類、ハチドリなどの鳥類があげられ、その種は20万以上にのぼると考えられています。これらの送粉者の多くは、無償で花粉を運ぶのではなく、その報酬として植物からエサ（花蜜や花粉）などをもらっています。つまり、植物と送粉者は“雇用主と労働者”のような関係と言え、仲睦まじい協力関係とはひと味違います。季節を追うごとに異なる花々が咲くのは、限られた送粉者の取り合いを避ける効果がありますし、花の長い距は、動物たちに簡単に蜜を奪いとられないための工夫と言えます。また、他種と同時に咲く花でも、花を訪れる動物が異なればきちんと同種の花粉が運ばれます。そのため、植物は種ごとに独特な花びらの色や形、花の向きなどで特定の送粉者だけを呼び寄せています。このような花の様々な形質は、送粉昆虫との長い関わり合いの中で生まれたと考えられています。

植物の中でも、多くの種の送粉者を雇うものと、たった1種のみと専属契約を結ぶものがいます。カンコノキの仲間は、花粉の運搬をハナホソガ科の蛾（が）類に依存する専属契約型の植物ですが、それらの花には花びらがありません（Fig.1）。なぜなら、夜行性であるハナホソガは、視覚ではなく嗅覚（きゅうかく）で花を見つけ出しているからです。見た目は地味なカンコノキですが、夜になると一斉に匂いを放ちはじめ、ハナホソガを花へと呼び寄せています。

Fig. 1　一見つぼみのように見える開花中のウラジロカンコノキ（*Glochidion acuminatum*）の花。枝の基部に雄花、先端部に雌花がつく、雌雄異花同株の植物です。

一般的な植物の場合、受粉は送粉者が花蜜などを求めて花を訪れた際に、送粉者の体についた花粉が雌しべにつくことで成立します。雄花と雌花を別々に咲かせる植物の場合、雄花と雌花両方の花に同じ送粉者に来てもらわなければ受粉ができません。そのため、送粉者への広告となる花びらの色や形、匂いを雌雄間で似せることで、同じ送粉者に来てもらい、同

外ページからの続き ↖

もうひとつご紹介したいのが、千葉県柏市にある『下田の杜』における活動です（http://shitadanomori.wiki.fc2.com/）。下田の杜は住宅地の中にごく狭い谷津田環境が残された場所なのですが、周辺住民によって管理活動が行われ、毎年 60 種を超える鳥類が訪れるなど、都市の中に位置しながらも貴重な自然を有している場所です。春には田植え歌を歌いながら田植えをし、秋には稲刈りの後に唐箕などの昔の農機具を使って脱穀をするといった活動がなされていますが､毎年 11 月に行われる『里山まつり』ではその収穫したもち米を使って餅つきが行われ、わらぞうりづくりなども体験することができます。地域の資源を使って地域で楽しむ。私は下田の杜の活動に参加していると、時々周囲の自然や風景と自分が一体化したような感覚を覚えます。自然を積極的に利用しているときには自分と自然の間の境界線はなくなり、自然を利用して自分が行った活動がまた自然の営みに利用されるという流れの中に自分が組み込まれているのがわかるのです。

Fig. 2　下田の杜の活動風景。唐箕を使って脱穀する人々自体がこの場の『風景』となっています。

この感覚を認識して以降、私は“Play a role in a biodiversity！”という言葉を生物多様性保全のためのスローガンとして使うことにしています。「生物多様性の中で自分が一役買うこと」が生物多様性の保全につながるということです。冒頭で述べたように、自然を守るために遠ざけるのではなく、積極的に利用していくことも自然を守るためには必要なのです。

このような考えを基本として、私は都市緑地や農地などの人間と係わり合いのある場所において、どのように自然を利用していくべきかを示すため、生態系管理につながる研究を行い、それを実践していく活動を今後も続けていきたいと考えています。◇

参考文献

鬼頭秀一（1996）『自然保護を問いなおす―環境倫理とネットワーク 』（ちくま新書）

ウミウシの消化管外観と盗葉緑体現象のプロセス

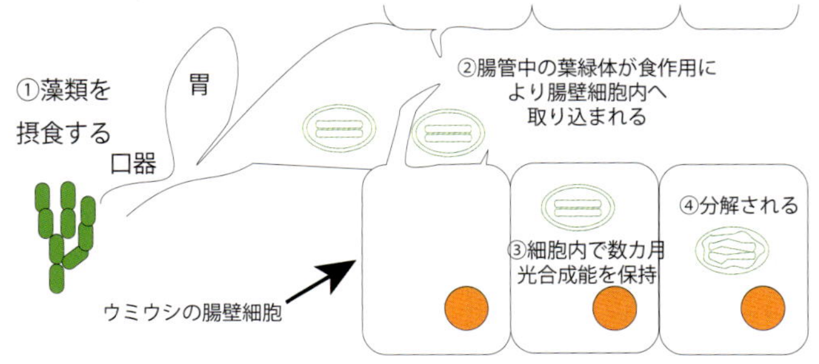

Fig. 2　葉緑体は細胞内に取り込まれた後、最長 10 ヶ月ほど保持された後分解され、次世代に受け継がれることはありません。

に持っています。しかし、盗葉緑体現象では、この核は取り込まれないのに光合成が行われているのです。なぜこんなことが可能なのか、そしてこんな特殊なことをする進化的、生態学的な意義は何なのかが私の研究テーマです。

盗葉緑体現象が注目され出したのは，研究者間でもここ数年のことです。しかしこの研究の歴史は古く、40 年ほど前に岡山大学の川口四郎先生と弥益輝文先生によって、クロミドリガイというウミウシの細胞から葉緑体が発見されたことに始まります。彼らは 1967 年に電子顕微鏡観察で、この緑色のウミウシの細胞内に、餌である緑藻と同じ特徴を持った葉緑体があること発見し、これが餌の葉緑体に由来すると考えました。その後、別チームによる放射性同位体を用いた実験などにより、この葉緑体が光合成活性を保持しており、光合成によってつくられた糖やアミノ酸がウミウシ側の組織に輸送されていることが明らかになりました。マーギュリスが細胞内共生説をまとめたのは同年の 1967 年であり、まだ共生説が今ほど受け入れられていなかったことを考えると、オルガネラの流用という発想の先見性に驚かされます。

近年、盗葉緑体現象の研究は、新たな段階を迎えています。分子生物学の成熟により、生物に一般的な事柄が解明され、“普通”がわかってきたことで、“特殊”な現象を議論することが可能になりました。さらに、解析技術の発達により、モデル生物でなくても、網羅的な遺伝子情報やタンパク質情報を得ることが可能になりつつあります。盗葉緑体研究も、この恩恵を受けて、分子生物学的な解析が可能になってきました。

最近の私の研究により、ウミウシ中で、一度失活した光合成タンパク質の活性が回復することがわかってきました。そして、これには葉緑体中でのタンパク質の翻訳が関わっているようです。つまり、葉緑体はウミウシ細胞の中で、いわば「生きて」おり、光合成活性に必要なタンパク質の再生産をしていることが示唆されたのです。しかし、続けて行ったウミウシ中の葉緑体の DNA 完全長解読では、葉緑体での遺伝子発現や光合成タンパク質に関わる遺伝子の多くが見つかりませんでした。現在、なぜ遺伝子無しで葉緑体上の遺伝子発現や光合成活性が維持されるのか、その謎の解明に取り組んでいます。盗葉緑体現象の謎はまだ多いですが、この現象は真核生物のオルガネラを他の真核生物が一時的に流用できることを示しており、人類が全く知らなかった生命の新たな側面を見せてくれるのではないかと期待しています。　◇

種内での受粉を達成させています。ハナホソガの場合は極めて特殊で、ハナホソガが自ら雄花で花粉を集めて雌花へと運び、柱頭に花粉をこすりつけて授粉させます（Fig.2）。また、ハナホソガは授粉させた花に卵を１つ産みつけ、花の中で孵化した幼虫は、発達途中の種子を食べて成長します。つまり、ハナホソガにとって授粉は、我が子に餌を与えるための行動と言えます。

Fig. 2　ウラジロカンコノキの花に授粉・産卵するハナホソガ。あらかじめ雄花で集めた花粉を雌しべにつけ（左）、その後産卵する（右）。ハナホソガの口吻が黄色く見えるのは大量の花粉をつけているためです。

ハナホソガが自ら積極的に花粉を集め、授粉をしてくれるカンコノキでは、ミツバチなどが授粉する植物とは違い、雄花と雌花の形質を似せる必要がありません。ハナホソガを呼び寄せる花の匂いに注目してみると、雄花と雌花で全く異なる“性的二型”という現象が見いだせます。性的二型はクジャクの羽根やカブトムシの角など、動物では古くから知られていますが、植物（特に花の匂い）では珍しい現象です。このような花の匂いの性的二型性は、ハナホソガとの共生関係の成立と共に進化してきたことが植物の遺伝子の解析によって明らかにされています。このように、植物のいたるところに動物たちとの進化の歴史が刻み込まれているのです。　◇

＊＊

光合成をする動物　～ウミウシの葉緑体

前田太郎

動物に葉緑体を持たせて「光合成をする動物」をつくるというコンセプトは、SFでよく使われますが、そんなことをする生物が現実にいるとは、知らない人が多いのではないでしょうか？実は、私が研究している嚢舌目というウミウシの中の１グループが、その「光合成をする動物」なのです。ウミウシとは殻が退化的な巻貝の仲間の総称で、多くの種はカイメンやイソギンチャクなどを食べます。しかし、嚢舌目に属するウミウシ類は、例外的に、ウミブドウのような海藻を食べています。そして、餌として食べた藻類から葉緑体だけを選り分けて腸壁の細胞内に取り込み、さらにその葉緑体を使って光合成をするのです。これは「盗葉緑体現象」と呼ばれます。通常、藻類や植物は葉緑体の維持に必要な遺伝子のほとんどを核

Fig. 1　葉緑体は腸壁細胞だけに存在しますが、腸は枝分かれしてウミウシの体中に張り巡らされており、効率よく光を受けられるようになっています。

生態系管理という自然保護 ～Play a Role in the Biodiversity！～

相澤章仁（あいざわ あきひと）

「自然保護」という言葉を聞いたとき、あなたはどのようなことをイメージしますか？　熱帯雨林や海洋島といった大自然を人間の影響が及ばないようにしておくことや、希少な動物が住む場所に人間が近づかないよう保護することなどでしょうか？

そのような手つかずの自然を人間活動から離して保護することは大変重要なことなのですが、逆に人間との関わりがなくなったことで失われていく自然があることも最近では危惧されています。

例えば草原。昔は田畑の肥料や燃料にするために周囲の草木を刈り取って利用していたため、日本の国土の３分の１が草原であったと言われているのですが、化学肥料の普及などで草刈りをする必要がなくなったため、草原が樹林へと遷移して国土の３％未満まで減少しまったと言われています。その結果、それまで生息地がたくさんあった草原性の動植物の多くが絶滅危惧種となっているのです。

このような問題に対処するには放棄された自然に手を加えていくことが必要となりますが、ただ自然を守るためだけに草刈りを続けるというのは、コスト面などであまり現実的とは言えません。持続的にそうした作業を続けていくには、人間と自然の間に新たな関係を築き、生態系を管理しながら“利用”をしていくことが重要であると私は考えています。

こうした考えをもとに着目したのが河川堤防で、もともと利用のために草刈りを行うことが必要な河川堤防は現代の草原としての機能を持続的にまかなえる場であると考えられます。私は千葉県北西部を流れる利根運河の土手で市民参加型の植生調査を行い、その結果を用いて在来植物を保全するための管理計画を提案していくという研究を行っています。河川管理に自然保護という付加価値をつけることで、無理のない人間と自然の共存関係を築くことが、大きなテーマです。

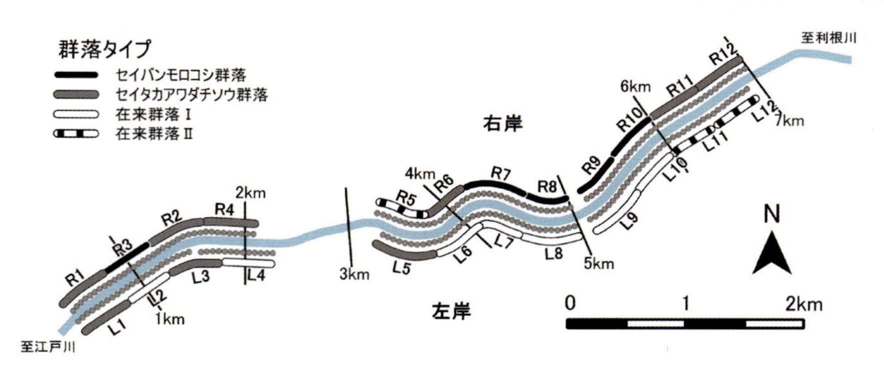

Fig. 1　利根運河の植生調査結果。セイバンモロコシ・セイタカアワダチソウといった外来種が広く分布していることがわかりますが、左岸や右岸中央には在来植物の群落があり、そこを保全するための管理計画を考えていく必要があります。

↖続きはこちら（折り返し面へ）

植物食の哺乳類は，体の大きさに対してかなりの割合を占める長大な消化器官をもっている．一般に植食動物の方が肉食動物に比べて消化管が長いが，その理由は食物の消化効率が悪いからであろう．図 4.7 はそのような植物食性動物の消化器官の模式図だが，ウマやゾウでは小腸が大変長く，盲腸が発達している．ウシも同様であるが，胃が特異的な構造をしていて，図にみられるように こぶ胃（第一胃），網胃（第二胃），葉胃（第三胃），そして しわ胃（第四胃）の 4 部分に分けられる．まず摂食され臼歯で噛み砕かれた植物はこぶ胃を経て網胃へ行って消化される．しかし，まだかたいものは口元に戻される．ウシは戻されたものを再び臼歯で咀嚼して飲み込む．そして柔らかくなったものは小腸へと送られ，さらにそこの消化液にさらされていく．このような複雑な構造をもった胃を**反芻胃**（すう）といい，ウシ，ヒツジ，ラクダなどの偶蹄類の特徴となっている．なお，この反芻胃の中には，多数の原生生物と細菌が共生していて，植物の消化に際して大きな役割をもっている．

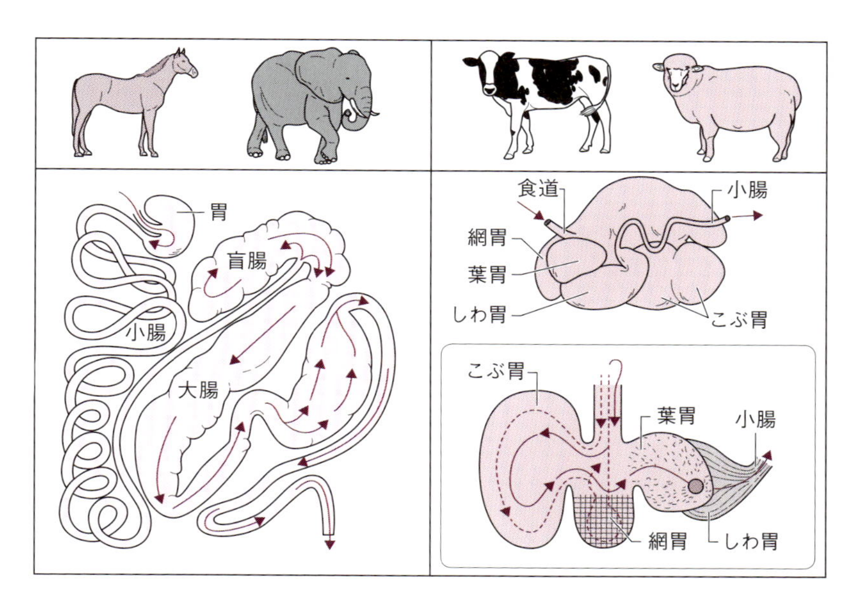

図 4.7　植物食性哺乳類の消化器官
（松本・二河，2014a より）

4.8　昆虫類の食性と口器の構造

昆虫類は現在の陸上において最も種数が多く，いわば繁栄している動物たちである．本書では脊椎動物の生態を中心にして記述しているが，上記の理由で，昆虫類がどのような物質をどのような器官で摂食しているかを見てみよう．昆虫類は，表4.1に見られるように広汎な物質を**食物源**としているので，昆虫類全体を見渡した場合には，およそ有機物ならば何でも食べているということになる．しかし，特定の種に注目した場合には，その**食物メニュー**は限定されている種が圧倒的に多い．その理由の1つには，昆虫は体が非常に小さいことがあげられる．昆虫の**食性**は，動物体を摂食するか，植物体を摂食するか，また固形物であるか，液体かのマトリックスで整理することができる（図4.8）．昆虫類が食性から見るといかに多様であるかが，改めてよくわかるだろう．

表 4.1　昆虫の食性

植物食性：	（生きた部分）葉　芽　茎　種子　花粉　果実　内樹皮　形成層　師管液　導管液
	（死んだ部分）枯死材　心材　辺材　落葉　落枝
動物食性：	（生きた部分）昆虫　脊椎動物　血液
	（死んだ部分）死肉，毛皮，羽毛
菌類食性：	菌糸体　キノコ（子実体）　地衣類
その他：	腐植質，蜜ろう，糞

昆虫類は食性に対応した口器の構造をもっていて，咀嚼型，吸収型，舐め取り型の3つがおもなものである．昆虫類は大顎，小顎，上唇，下唇，下咽頭腺などを巧みに変化させることで，進化の中で多様な餌資源を獲得した．**咀嚼型**の口器は固形物を食物としそれを噛むためのものであり，その器官として，大顎が発達している．**吸収型**の口器は液体餌を飲み込むためのものであり，セミ，アブラムシ，チョウなどでは植物液を，また，蚊やサシガメなどでは脊椎動物の血液を吸えるように細長くなっている．**舐め取り型**の口器はハエなどでみられる．昆虫類の食物メニューにあって，ヒトにみられない

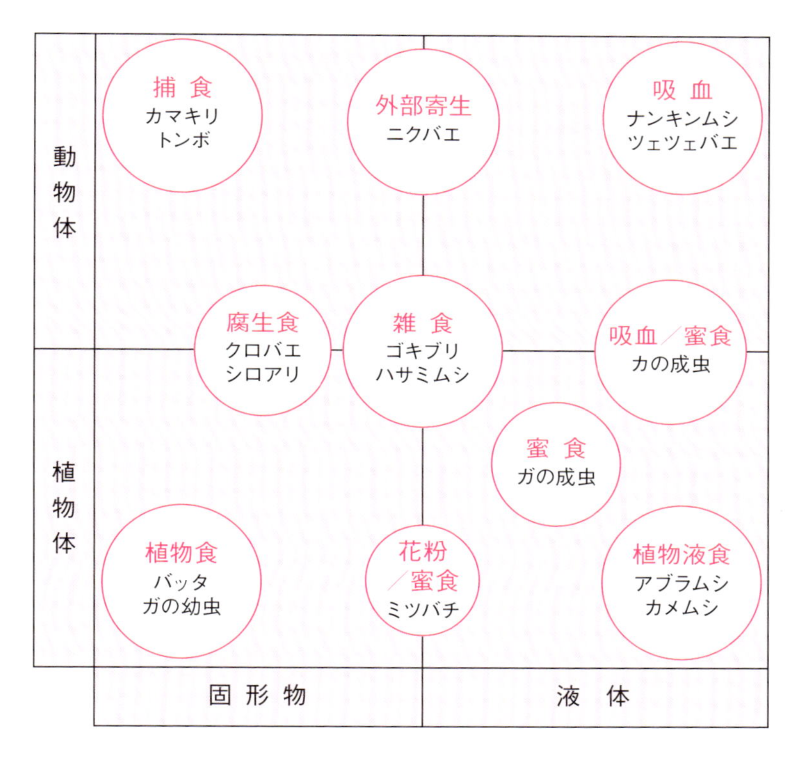

図 4.8　昆虫類の食性を表すマトリックス
（松本・二河，2014b より）

ものは，植物の枯死体つまり材，落葉，腐植などと，動物の毛皮，羽，糞などである．これらは難分解性であり，その消化および利用に際して，それぞれの昆虫が共生微生物を保有している．

5章 繁殖生態

動物の繁殖のしかたは，古い時代の水生生活からやがて陸上へと生息環境を広げることで大きく多様化した．そして，雌と雄とで，繁殖に関係した身体的形質や行動様式が異なった動物が多い．また，雌と雄とで子どもとの関係，とくに子どもの世話をする様相が異なっている場合が多い．本章では，そのように多様に進化した動物の繁殖生態を説明する．

5.1 動物の生殖様式

まず，動物における生殖様式の基本的なことがらを説明する．図 5.1 は，動物の生殖において，雌雄の配偶子（卵と精子）の挙動がどのようであるかを表している．

① ほとんどの動物は，**有性生殖**を行う．すなわち，生殖巣において雌個体は配偶子である卵を，雄個体は精子を生産し，それらの配偶子を合体（受精）させて受精卵を作る．その受精卵から成長した個体と，卵を出した雌および精子を出した雄とは親子の関係ということになり，子どもの遺伝子構成は，その雌雄両親の遺伝子が組み合わさっている．

② **雑種発生**は，別種の個体間における受精（授精）であり，個体が発育して成体になっても普通は妊性がない．したがって，通常では別種の個体間では有性生殖がなりたたない（種の定義に関わることであるが）．

③ **雌性発生**は卵に含まれていたDNAの遺伝情報のみが子どもに伝わる生殖様式である．この雌性発生を行っている動物として，ギンブナの例が有名である．多くの地域で，このフナは雌しかいなく，雌が雌卵を産み，それが雌親に成長してさらに雌卵を産むというふうに，代々，雌のみの世界を構築している．これは後に述べる単為生殖と似ているが，卵が発生を開始するにあたって，別種のフナ類の雄が出した精子を受け入れ，その刺激を必要と

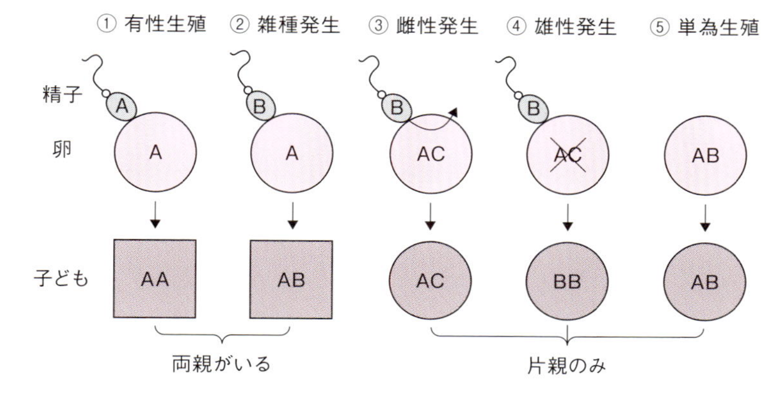

図 5.1　動物の生殖様式，雌雄のゲノムの子どもへの伝達
ABC の記号は配偶子および子どものゲノム構成を表している．①〜⑤のそれぞれの生殖様式については，本文において説明した（松本・星，2009 より）．

することが異なっている．そのような雄は近縁種のナガブナ，キンブナ，ニゴロブナなどであり，ギンブナの雌はそれらの別種雄たちと 4 月から 6 月頃に繁殖行動を行う．

④　**雄性発生**はまれであるが，二枚貝のマシジミの例が知られている．この貝は雌雄同体で，また染色体は三倍体の生物である．卵は受精すると最初の卵割において，染色体は極体の方に放出されてしまう．精子の染色体は三倍体であり，その遺伝情報のみで新たな個体が形成されるので，雄の遺伝子のみが残るわけである．

⑤　あまり多くはないが，卵のみが発生して新個体となる動物がいる．この生殖様式を**単為生殖**といい，新個体にとっては，父親はいなく，母親のみがいることになる．なお，自然界では精子のみが発生して新たな個体になる例は知られていない．精子の構造は，遺伝情報をコードした DNA を内包する染色体がほとんどであり，染色体だけでは個体として発生できないのである．つまり，精子の遺伝情報は，卵を使用しなければ子孫に伝わらないといえる．したがって，雌個体とは，卵から由来する「子どもを作れる性」であり，雄個体とは，遺伝情報を卵が関係しなければ「子どもを作れない性」を意味している．

コラム 5.1
動物の性の状況を操作する微生物

30年ぐらい前から，動物に寄生ないし共生している微生物で，動物の生殖や性決定などを操作するものが知られている．それらの微生物はとくに節足動物の昆虫類と関係したものが多く，操作方法は，雄のみを殺す，性転換（雄を雌にする），単為生殖化（卵のみの発生），交配不和合を引き起こすなど，多岐にわたっている．これらの微生物はそのような操作をすることで，寄主動物の母から子どもへの垂直伝播率を高めることで利益を得ている．

具体的に寄生されている昆虫類の性発現や生殖能力がどのようにして操作されているかのメカニズムについては，まだよくわかっていないことが多い．これが知られている微生物としてはボルバキア（*Walbachia*）が筆頭にあげられるが，この細菌は基本的に経卵伝染（卵巣を通じての母から子どもへの伝染）を行う．

5.2　受精（授精）の様式

雌が作った配偶子（卵）と，雄が作った配偶子（精子）が合体することを，**受精**ないし**授精**という．そして，卵が雌の体外に放出され，雄から放出された精子を受け入れることを**体外受精**という．一方，卵が雌の体内にとどまっていて，そこで精子を受け入れることは**体内受精**である．体外受精であるか，体内受精であるかは，放出される精子の量や性質と，雌雄間の求愛行動とに大きく関係している．

体外受精から体内受精への進化

太古の地球表面は生物に有害な紫外線が非常に強く入射していた．そのため，生物は陸上にはいなかったとされている．生物が誕生して約30億年は単細胞の微生物であったが，おそらく10億年ぐらい前に多細胞生物が進化した．その初期の多細胞生物は大きくは動けず，おそらく配偶子を海水中に放出し，それらが合体することで生殖していたであろう．やがて，配偶子の大きさが同型から異型へと進化し，大型の配偶子は卵へ，小型の配偶子は精子へと進化したと考えられる．体外受精の成立である．現生の水生動物でも，放卵・放精による体外受精を行うほうがずっと多い．しかし，かなり原始的な（体のつくりが簡単な）海綿動物や腔腸動物においても，卵を体内に保有していて，外からの精子を待ち受ける体内受精が見られるので，体内受精の起源はかなり古いものと思われる．

自由に動けるように進化した動物たちは，受精の確実性を増すために，個体が互いに近づいて放卵・放精するようになった．そして，ついに相手の体内へ直接的に精子を送り込むようになった場合が，**体内受精**の進化である．

現生の陸上生物では，雄が精包ないし精液に入っている精子を雌の体内に直接送り込む受精方式をとるものがほとんどである．体内受精は，雄が自ら作った精子を，雌の体内にある卵に確実に届ける手段といえる．鳥類と多くの爬虫類では，生殖門でもある**総排泄孔**どうしをつけてそれを行い，爬虫類の一部や哺乳類では，雄に**外部生殖器**（**ペニス**）が発達していて，それを使って雌の膣内に精子の入った精液を送り込む．陸生生物である昆虫類でも，多くの種類においてペニスが発達している．

なお，同じ個体が卵巣と精巣の両方をもち，卵も精子も作る動物は，**雌雄同体**（両性具有者）といい，ミミズやカタツムリが相当するが，このような動物は比較的少数である．雌雄同体でも，自身の卵に自身の精子を合体させるのではなく，別個体どうしで受精（授精）するのがふつうである．

5.3　動物の繁殖戦略

動物たちは子孫を残すためにさまざまなやり方で**繁殖**を行うが，それらは長い間の自然選択の結果として多様なものになっている．それらの様相を**繁殖戦略**としてとらえることができるが，構成要素として受精の様式，一生の繁殖回数，卵の性質，精子の性質，産卵数，産仔数，孵化と胚発生様式，子

表 5.1　動物の繁殖戦略

受精様式	体外受精か，体内受精か？
繁殖回数	一回繁殖か，多回繁殖か？
繁殖季節	どの季節に産卵・出産するか？
卵の大きさと数	大卵少産か，小卵多産か？
孵化場所	卵生か，胎生か？
子どもの数	少産か，多産か？
子どもの自立	早成性か，晩成性か？

（松本・星，2009より）

どもの保育，子育てする親の性などがあげられる（表 5.1）.

動物による繁殖を，個体レベルの努力という側面から見た場合，次の①から③に整理することができる（図 5.2）.

① **配偶子生産努力**：配偶子を卵にするか精子にするか，より多数にするか，少数でもより丈夫にするかという生産上の努力.

② **配偶者獲得努力**：配偶者をよりよく確保し，また配偶者数を増やすための努力.

③ **親の世話努力**：受精卵や子どもの生存率を上昇させるための努力.

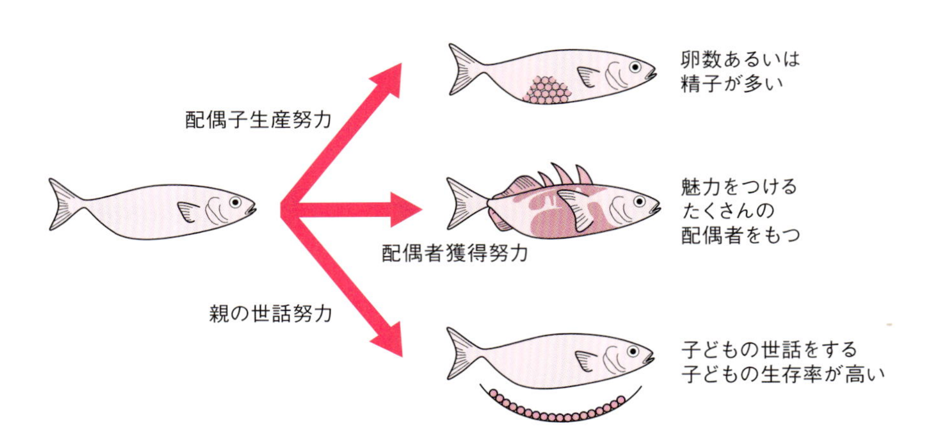

図 5.2　動物の繁殖活動における努力配分
（松本・二河，2014b より）

繁殖活動している個体が，環境から得ることのできる物質やエネルギー資源に限度があるかぎり，上記のような①から③までの努力は，**トレードオフ関係**にある．すなわち，①に関して多くのエネルギーを傾ければ，②と③に関してはおろそかになり，②に関して多くのエネルギーを傾ければ，①と③に関してはおろそかになるというような関係である．

5.4　繁殖の回数と季節

動物の雌の一生において，卵ないし子どもの出産にどのくらいの回数を費やすかは，当然，個体変異があるが，動物種によっておおよその様相が決まっている．たとえば，サケやアユやウナギなどは産卵が一生にたった一回で，産卵後は死んでしまうが，これを**一回繁殖**という．他方，多くの哺乳類や鳥類は毎年のように産卵あるいは子どもを出産するが，これは**多回繁殖**である．このような繁殖の回数は，繁殖の時期や繁殖地への移動（回遊や渡り）などと関係している．

季節変化が大きな生息地にすんでいる動物においては，どんな季節に産卵あるいは子どもの出産をするかは，子どもの生存率にかかわる重要なことがらである．せっかく誕生した子どもにとって，十分な食物がなければ餓死してしまうであろう．子どもに対して親が給餌する動物でも，親の給餌量が不足するようでは子どもの成育はおぼつかない．そのため，多くの野生動物においては**繁殖季節**が限定されている．たとえば，北半球の小鳥類は，4 月から 6 月の春から初夏にかけてのみに繁殖をする種類がほとんどであるが，餌である昆虫や種子などの出現量と大きく関係している．また，アフリカのサバンナ地帯における草食哺乳類は，雨季が始まって草原が青々としたときの短期間に一斉に出産をし，授乳を行う．母乳の質と量は草本の性質と大きく関係しているからである．なお，**一斉出産**には捕食者からの回避の意味もあると考えられている．

5.5　卵の大きさと数

卵生動物の場合，雌親の体の大きさに対する卵の大きさ，そして 1 回あた

表 5.2　魚類における卵の大きさと産卵数

魚種	卵の直径（mm）	一度に産む体重1kgあたりの卵数
サバ	0.9～1.4	800,000
タラ	1.2～1.8	500,000
コイ	1.2～1.5	100,000
ニシン	1.2～1.5	100,000
カワカマス	2.5～3.0	30,000
マス	3.5～5.5	2,500
サケ	5.5～6.0	2,000
ハマギギ	19.0～22.0	50

（R. フリント，2007より作成）

りの産卵数は，生物種によってだいたい決まっている．表5.2に魚類の例を載せているが，雌魚が1回の繁殖期に産む卵数は，数十個から数億個まで種によって大きな違いが見られる．

卵の大きさと産卵数には大きな関係があり，大卵を産む種では産卵数は小さく，小卵を産む種では産卵数は非常に大きい．これは明らかにトレードオフの関係があるといえる．**小卵多産**の典型例は，サバ，タラ，ニシンのような海洋魚であり，小さな卵を非常に多数産み出している．

5.6　卵が孵化する場所と親の関与

体内受精の場合，受精卵や幼体が親によってどのように保育されるかの観点から，卵生，卵胎生，胎生の3カテゴリーに分けることができる．

卵生────雌親から受精卵が直接産み出され，外界で孵化する．

卵胎生────雌親の体内で卵が孵化する．幼体は卵に付加されている栄養で発育し，一定時間後に出産される．

胎生────雌親の子宮に胚が着床する．さらに雌親から胎児に対して胎盤を通じて栄養分が与えられ，ある程度育った幼体となって出産する．

胎生の動物は，雌親による子どもの保護努力（世話）が大きく進んだ段階と言えるが，雌親の負担が大きいので少産である．たとえば，哺乳類のほとんどは胎生（妊娠する）であり，ウシ，ウマ，ヒト，クジラ，アザラシのように，通常は1匹の子どもしか産まない種類が多くいる[*5-1].

胎生は，魚類，爬虫類，哺乳類，昆虫類などさまざまな動物で独立に進化している．いわば，雌の体内で子どもを保護し**胎盤**を通じて給餌しているわけで，それによって雌の繁殖成功度が大きく向上することになる．しかし，子どもを妊娠している（子宮内にいる）雌はその間，次の子どもの繁殖に参加できないので，**繁殖回数**が制限されることになる．また，胎児が大きく育ち過ぎた場合は，雌の体が重く動きにくくなり，敵から逃げたり，餌をとるのが難しくなってしまう．鳥類では胎生が進化しなかったが，これは体重を軽くして飛行するように進化したことと関係すると考えられている．しかし，飛翔する哺乳類であるコウモリ類の場合は胎生である．その理由として，コウモリ類では哺乳類として胎生が先に進化し，その後で飛翔性が進化したこと，また，産仔数は小鳥類よりもずっと少なく，しかも夜行性であることがあげられる．

なお，胎生と卵胎生の区別は，必ずしも明瞭でない場合が多い．そのため，爬虫類研究者の多くは卵胎生の用語を用いない傾向にある．また人によっては，胎盤が形成されない無胎盤胎生と，胎盤が形成される有胎盤胎生という区分を使用している．

5.7　四肢動物の卵

受精卵は卵割をして胚となるが，その胚が成長できるために，雌があらかじめ**卵黄**を用意する．これは雌親による子どもの世話（投資）の重要な部分である．生物によって用意される卵黄の量は大小さまざまである．現生種で一番大きなものは，ダチョウであり，1.5 kg もある．小さいものでは，ヒトやイヌなどの哺乳類における真獣類で，直径が 0.1 mm ぐらいしかなく，体外に産み出されずに，子宮壁に着床して母親から胎盤を通じて栄養の補給を受ける．

四肢動物の卵は，その発生の過程で**羊膜**が形成されるかされないかで，**無羊膜卵**と**有羊膜卵**に分類される．そして，両生類を**無羊膜類**といい，爬虫類，

＊5-1　昆虫類においてはツェツェバエが胎生で，1回に1匹しか子虫を産まない．

鳥類，哺乳類を**有羊膜類**といっている．この羊膜の中（羊膜腔という）に**羊水**が入っているが，そのような構造の機能は，胚そしてそれが成長した胎児を保護するものである．すなわち，羊水によって胎児と羊膜との付着が防がれ，胎児が運動するのを可能にしている．爬虫類と鳥類では，さらに羊膜の外側がカルシウムなどでできた丈夫な**卵殻**で包まれている種類が多い．

5.8　出生後の子どもの自立性

親が子どもを世話している場合，その世話が早くに終わって子どもが自立できるか，長期間継続した後に自立するかでは，親の負担は大きく異なる．前者は**早成性の子ども**といい，後者を**晩成性の子ども**という（5.11 節を参照）．

早成性の子どもは，一般に大きな体で孵化（あるいは出生）し，自立するのが早い．また，雌親の産卵数（あるいは産子数）は少ない．たとえば，鳥類ではキーウィ，カモ，キジなどは早成性で，孵化後ほどなく立ち上がり親について歩くことができ，また自ら食物をついばむことができる．キーウィ類の場合は 1 卵しか産まず，それも雌の体重の 4 分の 1 もある大きなものである（コラム 5.4 を参照のこと）．

哺乳類ではウシ，ウマなどの子どもは早成性であり，出産してすぐに立ち上がって乳を飲むことができる．また，クジラ類の子どもは出産後すぐに自力で泳ぐことができる．なお，これらの哺乳類の子どもは，雌親の子宮内にいる期間が長く十分大きく育って出生する．

晩成性の子どもは一般に小さな体で孵化（あるいは出生）し，自立するのが遅い．また，雌親の産卵数（あるいは産子数）が多い．たとえば，鳥類において小鳥類が最も種数が多いが，それらのほとんどの種は晩成性である．それらのヒナは孵化してしばらくは目が見えず，歩行もできず，口を大きく開けピーピーと鳴き声で親に餌を求めるのみである．巣立つまでに，両親からの相当程度の世話を必要としている．逆に孵化しあるいは出生した子どもが大きな体であるとしても，行動が未熟な種では，親からの世話（補助）を必要とする傾向にある．哺乳類では，有袋類が典型的な晩成性である．カンガルーなどでは，子宮において胎盤を形成しても，せいぜい 3 週間程度の小さな胎児で出産してしまう．そのかわり，雌親の育児嚢の中で授乳されてゆっくり育つ．霊長類の場合は，大きな子どもで生まれるが親の世話が必要で，チンパンジーなどは生後数年も雌親から授乳されている．

5.9　子どもの世話をする親の性

動物界において，親による子どもの世話（保護）の様式はさまざまに進化している．では，雌親と雄親のどちらが，出生後の子どもを世話しているのだろうか？　世話の様式には次の5つのカテゴリーがある（表5.3）．

表5.3　動物における子どもの世話をする親の性

世話のカテゴリー	動物例
両親で子どもの世話をする	タヌキ，スズメ，ヒバリ，ツバメ
雌親のみで子どもの世話をする	ニホンザル，ネコ，カルガモ，クマネズミ
雄親のみで子どもの世話をする	タマシギ，マダライソシギ，タツノオトシゴ
両親ともに子どもの世話をしない	ヒキガエル，サンマ，ウナギ
他者に子どもの世話をまかせる	カッコウ（他種へ托卵），ホトトギス（他種へ托卵）

動物たちは有性生殖によって，自ら持ち合わせている遺伝情報を子どもに伝えている．親が自らの遺伝情報をどれだけ伝えるかの尺度には，受精（授精）した卵数に，それから発育した子どもが次世代の生殖を行うまでの生残率を掛けたものがある．もし，親が子どもを世話することで，子どもの生残率が上昇するのならば，それだけ遺伝情報の伝達度は上がるのだ．

そこで，親による子どもの世話行動は，親の遺伝情報をもった子どもに対する投資と見ることができる．つまり，**親による子どもへの投資**は，受精（授精）卵数を多くするか，世話の結果として子どもの生残率をよくするかである．

子どもの世話をよく行う動物でも，子どもが成長すると，その世話はやがて中止される．子どもの世話をいつまでも行っていることは，次の子どもの生産を犠牲にしてしまうことになるのが，中止の理由としてあげられる．つまり，投資の観点からは，子どもの世話をすることは利益を得られるが，それが行き過ぎるとコストとなってしまう．雌における**産卵数**や，雄における**受精卵数**を増やすことと，雌雄の親が子どもを世話することとは，**トレード**

オフ（二律背反）の関係なのである．

雌親と雄親がどのようにわが子に対して世話を行うかは，**婚姻様式**（雌雄間の協力関係）と深く関係している．たとえば，**一夫一妻制**の動物では，雌雄の親がともにわが子の世話をする傾向が強い．小鳥類などは，**抱卵**を夫婦で行うとともに，孵化したヒナが十分に成長し巣立てるまで**給餌**するなど，両親がヒナに多大の労力を投じる．雌雄の親がともに子育てにおいて協力する理由は，雌雄どちらかの親が巣内にいれば危険に対処することができ，また，単独親よりは餌を運ぶ効率が増加し，結果として子どもの生残率がよくなる．

他方，**一夫多妻制**の動物では，雄はわが子をほとんど世話しないのが一般的である．その理由は，子どもの世話よりも**雄間の闘争**（縄張り争いなど）のほうに大きく力をそそがなければならないからである．つまり，雄間の闘争に勝って，子どもの世話をよく行う雌を複数確保すれば，受精卵数が増加することによって，雄自身の適応度が増すからである．

コラム 5.2

雄と雌における生殖上の努力配分の相違

雄とは生殖上の配偶子として精子を使用する性であり，雌とは卵を使用する性である．哺乳類や鳥類を例にすると，雄は精子を速く多く作れるのに対して，雌は卵を作るのには時間がかかりごく少数しか作れない．そのことは，雄個体の**生殖速度ポテンシャル**は大きいが，雌個体のそれは小さいことを意味している．上記のような雌雄の基本的な相違が，実際の生態状況における生殖上の努力配分において，多くの相違を生み出している．

図 5.3 の四角中にあるのは生殖努力の項目であり，矢印は各項目から起こってくる結果の方向である．雄個体は生殖努力の各項目中で，

遺伝的形質と資源の宣伝に最も多くの努力を傾け，**配偶子と子どもの世話**にかける努力は少ない．それに対して雌個体は卵と子どもの世話，および**配偶者選好**に大きな努力を傾ける．

このように雌雄の個体は異なった生殖努力を行っているが，集団全体では雌雄の**絶対性比**が 1：1 だったとしても，雄間の競争および雌による雄の選好によって，少数の雄が多数の雌を確保することになり，**実効性比**（性的に活発な雄に対する受け入れ可能な雌の比率）が偏ってしまう．逆から見ると，多数の雄にとってはありつける雌の数が少ない．このことが，先に述べた雄において自らの宣伝に大きな努力をかける理由となっている．一方，雌側は待っていても多数の雄がアプローチしてくるので，それらの中のより良い雄を選好する傾向が強まる．さらに，雌が少数の卵あるいは子どもの世話の方に比重をかければ，実効性比がいっそう偏ることになる．

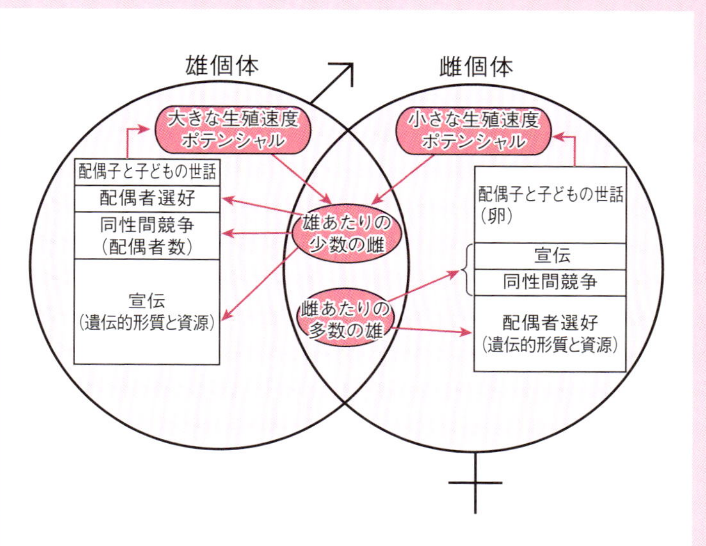

図 5.3　雄と雌における生殖上の努力配分の相違
（松本・星，2009 より）

コラム 5.3
繁殖集団のレックとハーレム

複数の雄が繁殖時期に集団求愛場（アリーナ）に集まって，個々の雄が小さな縄張りを形成し，また独特の踊りをして雌に対して自分を誇示している状況を**レック**[*]という．レックを形成する動物の例として，アジア大陸や北米大陸に生息しているソウゲンライチョウ類がいる．夏の繁殖期になると草原の一角に雄たちが集まり，雌たちはそれを見ていて好みの雄を見つけてアプローチする．誇示行動がより目立つために，雄には頭部や喉部などに装飾羽や派手な色彩が進化しているが，雌はより華美な雄を選好する傾向にある．

昆虫では，アジア・アフリカの熱帯に生息しているシュモクバエは雄が集まってレックを形成する．このハエの雄は特異な眼柄を形成し，眼が頭部から左右に大きく突出していることで有名である．雌は眼柄がより大きく突出している雄個体を選好する傾向にあること，そして眼柄が大きな雄は精子形成が良好であることがわかっている（図 5.4）．

＊　この言葉はもともとスカンジナビア語から由来したものである．

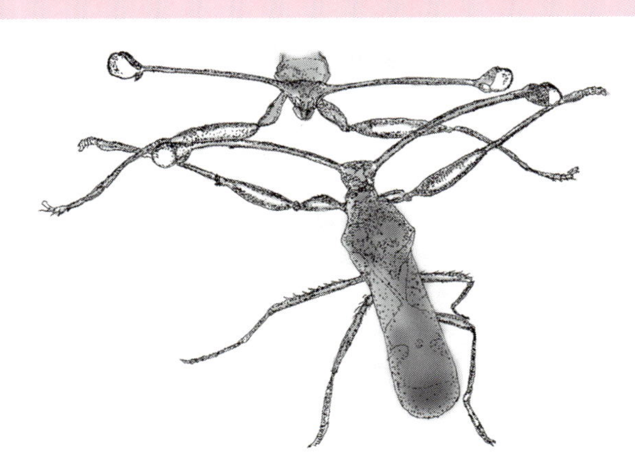

図 5.4　シュモクバエの雄どうしがレックにおいて互いににらみあって，複眼を誇示しているところ
（ラオスで撮影した写真をもとに描画した）

　繁殖場において1匹の雄が多数の雌を従えている状況を**ハーレム**という．たとえば，オットセイやゾウアザラシなどの鰭脚類では，1頭の雄に対して10頭以上の雌たちが近くに位置していてハーレムを形成する．ハーレムの主は体がひときわ大きい．個体群の全体として雄と雌の性比は1：1なので，このような動物では必然的に多数のアブレ雄が生じる．アブレ雄たちはだいたいのところ年齢が若く，体力が十分に備わるまで繁殖活動に参加できない．ハーレムの主である雄はやがて老いてくると強いアブレ雄からの挑戦に負け，ハーレムを去ることになる．

　なお，上記のような雄のみに発達する形質（装飾羽，派手な色彩，大きな体，突出した眼柄など）を用いて，雄たちは自らが備えている優良な遺伝的形質を雌たちに宣伝していると考えられている（図5.4参照）．

5.10　四肢動物での親による子どもの世話

　脊椎動物の中で，両生類，爬虫類，鳥類，哺乳類を，**四肢動物（四足動物）**といっている．基本骨格として四本の足（肢）をそなえた分類群であり，多くは陸上を歩行する生活をしているが，中にはヘビのように二次的に足をなくしていたり，クジラのように肢がひれとなって水中生活していたり，また鳥類のように前肢が翼となって飛行するものもいる．

　以下，四肢動物において親が子どもをどのように世話しているかを，簡単に説明しよう．

5.10.1　両生類における子どもの世話

　両生類はカエルおよびイモリなどであり，その名が示すように陸と水の両方にまたがって生活している．卵生であり，その産卵場所は魚類と変わらない水中である．多くの種においては，産まれた卵は，同時に分泌された寒天質で周りが被われている．また，あわ状の物質で包んだり，雌あるいは雄の背中や腰などに備えた袋に入れたり，さらには口の中に入れて，卵の保護を行う種類がいる．幼生の多くはオタマジャクシとして水中で過ごすが，卵と同様のやり方で保護される種類もいる．

5.10.2　爬虫類における子どもの世話

ワニ類，カメ類，ムカシトカゲ類などほとんどが卵生である．陸生の爬虫類の卵は，卵黄が多く丈夫な卵殻でつつまれて産卵される．そのおかげで，孵化時の幼体は自力で動けるまで，卵殻の中でしっかりと発育できる．なお，ワニ類では雌親が複数の卵の上に覆いかぶさり，また子ワニたちの防衛を行う．有鱗類（トカゲとヘビ）においては，さまざまな系統で独立に胎生（卵胎生）が進化していて，それらは種数で爬虫類全体の20％ほどになっている．

5.10.3　哺乳類における子どもの世話

単孔類（カモノハシ）のみが卵生である．有袋類と真獣類では雌の子宮の中で胎児が育てられる．有袋類は胎生であるものの妊娠期間は短く，幼体はごく小さいうちに出産し，以後，育児嚢の中で哺育される．真獣類では胎生が発達し妊娠期間が長い．

図5.5は哺乳類における母親の体重と妊娠期間の関係を表している．図中

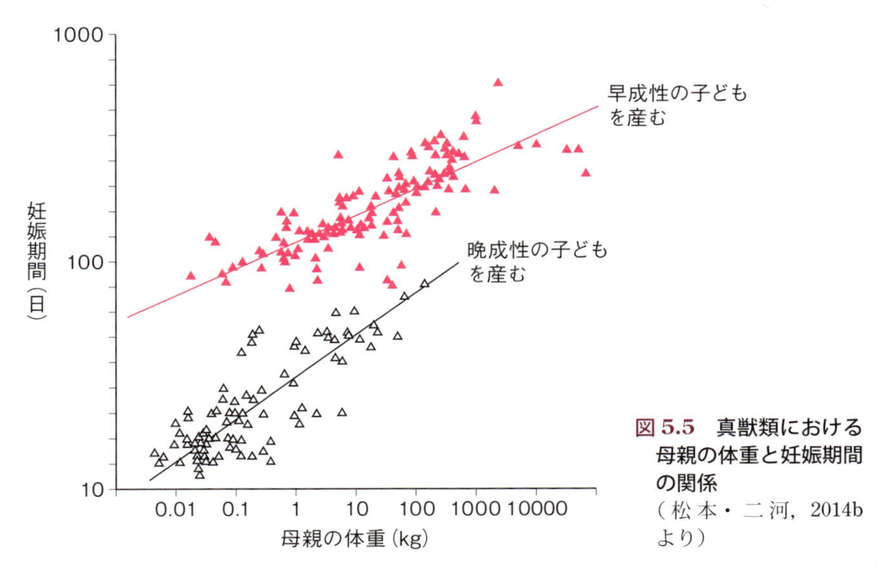

図5.5　真獣類における母親の体重と妊娠期間の関係
（松本・二河，2014bより）

の個別種のデータプロットからの回帰直線を見ると，母親の体重が大きければそれだけ妊娠期間が長くなること，さらに，早成性の子どもを産む動物の方が，晩成性の子どもを産む動物よりも妊娠期間がずっと長いことが，回帰直線が上と下で大きく離れていることから明白にわかる．このことは，妊娠期間が長ければ自立性の大きな子ども（出産後の子どもの世話が容易である）が作られ，妊娠期間が短いと子どもの自立性が小さい（出産後の子どもの世話に手間がかかる）ことの反映である．なお，子どもの自立性に関しては 5.8 節で説明している．

なお，哺乳類の特徴である乳腺や乳頭は雌の**二次性徴**として発達する．その発達には，成長ホルモン，エストロゲン（女性ホルモンの一種），副腎皮質ホルモンなどが関与している．

雄では乳腺は発達しないが，精巣を除いてエストロゲンを投与すると，乳を分泌するようになる．したがって雄にも授乳行動のポテンシャルがあるわけだが，雄が授乳する種類はオオコウモリ類で報告された 1 例のみしかない．哺乳類の雄における授乳が進化しなかった理由としては，雌が体内で子どもの世話をする関係で，出産した子どもに対する父親の信頼度が低いことと関係しているとの説がある．

ミルク（乳汁）を分泌する**乳腺**が進化的にどのように出現したかを説明するのは，化石の証拠がないから難しいが，哺乳類で卵生のカモノハシとハリモグラの授乳の様子から推察した**皮脂腺由来説**がある．哺乳類の祖先に体温を一定にする能力があり，血管に富んだ腹部のくぼみ中で抱卵をした．そのとき，卵が転がり出ぬように皮膚腺から粘液を分泌した．その粘液を幼獣が 2 次的に食物として利用するようになったというが，この皮脂腺由来説である．しかし，汗腺由来と考える説もある．

5.10.4　鳥類における子どもの世話

鳥類はすべて**卵生**であり，卵は炭酸カルシウムを含んだ卵殻に包まれている．卵殻は薄いが外からの力に対抗できる巧妙な構造をしていて，しかも O_2 や CO_2 の出入りがあり，また乾燥に耐えることができる．親による子どもの世話は，両親によって行われている種類が圧倒的に多く，鳥類の全種数

（約 9600 種）のうちの 9 割以上にも達している．世話行動のおもな内容は，巣作り，抱卵（保温），給餌，そして防衛などである．

片親だけが世話する種類は少ないが，それらの子どもは早成性の傾向がある．たとえば，キジやニワトリなどの地上歩行型の鳥類，あるいはカモやハクチョウなどの水鳥では，卵から孵るとすぐに幼鳥は母鳥の後をついてまわって，自身で餌をとることができる．

一方, ダチョウ目とシギダチョウ目は系統的に古いが(古顎上目に属する), それらでは，雄のみによる子の世話が見られるのは興味深い．また，チドリ目のタマシギ, マダライソシギなども雄親だけによる子どもの世話をするが, これらも古い系統であり，鳥類では，雄のみによる子どもの世話行動が祖先型であると考えられている．

5.11　親による子どもの保護と子どもの自立性の関係

前節で脊椎動物の親による子どもの保護の様相をみてきたが，そのことと子どもの自立性とはどのような関係があるだろうか？　なお，子どもの自立性とは，5.8 節で説明したように，早成性であるか，晩成性であるかをいっている．表 5.4 で哺乳類と鳥類の子どもの自立性に関係することがら，そして該当する動物例をまとめて比較してみた．こうしてみると，哺乳類と鳥類とでは胎生と卵生の違いがあるが，子どもの自立性と親の保護とは似たような関係にあることがわかる．

表 5.4　孵化（出産）した後の子どもの自立性

鳥類における孵化した後の子どもの自立性

	卵	ひな	給餌	歩行	体温維持	該当する動物例
早成性	大きい	大きい	しない	可能	可能	ニワトリ，マガモ
晩成性	小さい	小さい	熱心	不可能	親の補助	スズメ，ツバメ

哺乳類における出産した後の子どもの自立性

	幼獣	授乳期間	子ども数	親の世話	獣毛	該当する動物例
早成性	大きい	短い	少ない	少ない	はえている	ウマ，ウシ
晩成性	小さい	長い	多い	多い	少ない	ネズミ，イタチ

5.12　親による子どもの世話を説明する理論

動物界において，受精卵や子どもを作った雌雄ペアーのうち，そのどちらの性が子どもの世話をするのか，またその世話をするようになった理由を説明する仮説は多く提唱されている．ここではそれらのうちの有力なものを紹介する．

5.12.1　過酷な束縛説

交配した雄と雌のどちらかが，以後，子どもの世話を担当しなければならないとしたら，受精後に子どもから逃げにくい方の性が子どもの世話を担当する．子どもの世話は雌雄双方の性にとって過酷な束縛なのであるが，体内受精の動物ではそのような束縛は雌にかかりやすい．

5.12.2　父性の信頼度説

体内受精をする動物の雌にとって，自ら産んだ卵や子どもは自分の遺伝子が入った子どもであることは確実である．そこで，その雌では，出産後の子どもの世話を引き続いて行うことが進化しやすい．それに対して，雄は交尾したとしてもわが子と対面するのは時間遅れとなる．また，交尾相手の雌が妊娠したとしても，妊娠中に他雄による妨害での流産，そして，他雄による交尾がありうる．このように父性が不確実な状況において，もし他者の子どもを世話すれば，そのような世話行動で自らの子どもを作る機会が減ってしまう．他方，授精だけをしておいて，他者に子育てをさせるスニーカーは得することになる．そのため，雄においては，その子どもに対する父性の信頼度が高い状況でなければ世話行動は進化しえないであろう．一方，体外受精の場合は，雌雄ともに子どもである受精卵との距離が等距離であり，どちらの性が子どもを世話するかの確率は等しいであろう．

5.12.3　繁殖縄張り関連説

雄が繁殖上の縄張りを作る魚類などの種においては，その繁殖活動において雄による雌の産卵場所を確保する行動がみられるが，この説では，その手の行動が交配後の雄親による受精卵（あるいは子ども）の世話行動へと転化しやすいと考えている．

コラム 5.4
ニュージーランドにおけるキーウィの繁殖

ニュージーランドのみに生息しているキーウィ類は，森林にすむ翼の退化した鳥で，地中の小動物を摂食している．大卵少産動物の典型例であり，また，雄が抱卵するという，鳥類の中でも特異的な生活をしている．

キーウィの卵は，なぜ，雌の体重の4分の1にも達するように非常に大きいのであろうか？　しかも，それを雄が抱卵するが，なぜ，そのような特異な繁殖様式が進化したのであろうか？

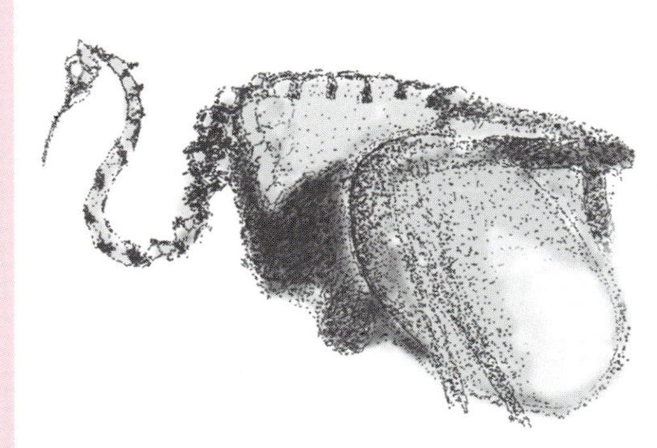

図 5.6　キーウィの雌体内における産卵直前の卵
雌の体重の4分の1に達している．（レントゲン写真から描画した）

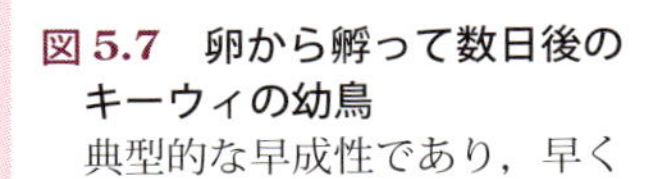

図 5.7　卵から孵って数日後のキーウィの幼鳥
典型的な早成性であり，早くに親元を離れる．（松本撮影）

これに対する答えは，まだ，完全に明確ではないが，おそらくキーウィの成鳥における繁殖上の激しい競争や，幼鳥にとっての食物環境，そして天敵の状況が関係している．キーウィ類の大きな卵から孵化した幼鳥は早成性であり，親の保護がなくても自立できる．これは森林に生息し，長いくちばしで土中の小動物を摂食することと大きく関係している．また，天敵として哺乳類やヘビ類がいなかったので，少産でも高い生存率があったのである．

雄が抱卵する理由は，キーウィの雄は強い縄張りをもつことと関係している．雌は縄張りをもった雄と交尾し，受精卵をその雄に託すことで，他の雄へもアプローチすることができ，結果として生涯繁殖成功度が増すのであろう．

なお，キーウィ類は夜行性であるが，この理由は，餌である昆虫やミミズなどの小動物の多くが夜間に活動するので，夜行性の方が餌を得やすいからと考えられている．また，昼行性の天敵（ニュージーランドには同じ鳥類の仲間でワシのような捕食性のものがいた）から逃避する意味もあるだろう．

5.13　単為生殖

有性生殖の一種であるが（雄が存在することがあるので），卵が受精せずにそのまま発生して次世代の子どもになることを，**単為生殖**あるいは単為発生という．そして，単為生殖で生じる個体の性別で，**産雌性単為生殖**，**産雄性単為生殖**，**産雌雄性単為生殖**の３つに分けられる．

単為生殖は昆虫類の多くの種で知られている．ハチ類での単為生殖は一般的であり，染色体が一組つまり単数体（一倍体）で雄個体となる．一方，卵が受精して倍数体（二倍体）である場合は雌個体になる．なお，ハチ類の雄卵では単数体のままで発生できる場合の他に，発生の過程で減数分裂の際に核が融合するか，復旧分裂のいずれかで倍数体になっている場合もある．

単為生殖で雌ができる**産雌性単為生殖**の場合は，雄がいないので，雄による食物の競争がなくなり，それだけ速く子孫の数を増やすことができる．ワムシ類は1億年にわたって雌だけの世界と考えられている．夏季と冬季，雨季と乾季といった気候の変化に合わせて，周期的・条件的に単為生殖するものが多いが，その様式を**季節的単為生殖**という．季節的に単為生殖する利点は，条件の良い夏季に単為生殖で増殖スピードをあげ，条件の悪い冬季には越冬卵で耐えるなどである．そのような例として，ある種のアブラムシ類の雄は，秋から冬にかけての授精が行われるときにしか出現せず，夏季には雌性産性単為生殖によって増えるため増殖スピードが速い．

社会性昆虫のミツバチやアリなどでは，女王もワーカーも受精卵から発生する雌であり，したがってコロニーメンバーは大多数が雌の世界であるが，限られた季節のみに未受精卵から雄が発生する．これらでは母親である女王による子どもの性の産み分けがなされているといえる．

コラム 5.5

単為生殖する爬虫類

四肢動物の中で，単為生殖する種類が知られているのは爬虫類であり，鳥類や哺乳類では単為生殖はまったく知られていない．爬虫類の中でそのような種はトカゲ類の40種とヘビ類の3種程度に限られていて，高等動物としては変わった生殖方法といえる．しかし，これらの種は性の役割を考える上では興味深い動物たちである．

ハシリトカゲ類は南北アメリカ大陸に生息しているが，アメリカのニューメキシコ州，テキサス州，メキシコの北チワワ州など半砂漠地帯の谷沿い地のところどころにおいて，単為生殖の種類が見られる．そのようなところは，たまに来る雷雨などで洪水が起こるような生息条件が厳しいところであり，単為生殖種はたとえ単独個体になったとしても集団に回復できる強さをもっている．おもしろいことに，両性生殖時代のなごりであろうか，雌どうしの疑似交尾行動を行い，体内ホルモンの調節が行われている．

単為生殖を行う爬虫類に関しては，日本の琉球列島や小笠原諸島などの亜熱帯島嶼において，オガサワラヤモリとメクラヘビあるいはキノボリヤモリといった種にも知られている．これらの種類はアジア・オセアニアに広く分布していているが，人為的な土壌の移動などで分布地を拡大したのであろうと考えられている．雌 1 匹のみでも生殖できるので，新たな場所へ分布地を拡大しやすいのであろう．これらの種類は遺伝的な変異性が少なく，そのことからも単為生殖で世界の各地に広まっていったことが推察されている．

なお，イギリスの動物園で飼育されている大型トカゲのコモドオオトカゲでも，単為生殖を行った例が 2006 年に知られている．

図 5.8　ハシリトカゲは雄がいないが，雌どうしで疑似交尾を行う．それによって排卵のリズムを作るホルモンの分泌を促していると考えられている．

5.14　単為生殖種の利点と欠点

単為生殖の利点は，雌 1 匹だけでも生殖できるので，新たな場所に移住しやすいことである．また，雄を生産する必要がないので，その分だけ両性生殖より増殖スピードを速くできる．もし，2 倍のスピードとすれば，3，4 世代経つと，単為生殖と両性生殖での個体数の差はかなりのものとなる．

しかし，単為生殖には欠点もある．遺伝的な変化をもたらす生殖メカニズムを欠いているので，病気や寄生虫の変化，あるいは環境の急速な変化に耐える能力に劣ると考えられる．両性生殖種の方が，単為生殖種よりも進化速度が速いので，両者が競争した場合は，環境の変化との関係で単為生殖種の方が負けることになる．また，もし単為生殖種と両性生殖種が，生殖上の隔離が完全でない場合には，それらの分布域が重なれば交雑によってクローンの成立が妨げられることになる．実際の単為生殖種の存在状況から，次のようなことが考えられている．

①　単為生殖する系統はまれにしか生じない．

②　これらは進化の流れの中で一時的に生じたものである．

③　新たに生じた単為生殖の変種は，もととなった両性生殖の種に置き換わることはない．

実際には，以上述べたような利点と欠点との 2 つのバランスの上に，爬虫類などの単為生殖種が存続しているものと考えられている．

6章　個体間の関係

動物は同種の個体間でさまざまな関係がある．成熟した雌雄間には性的な関係が生じる．親子が共存しているのは家族である．また，多くの個体どうしが集合しているのは群れであり，コロニーである．このような関係を保つ上では，なんらかの情報の伝達が行われているが，それらは感覚器官によって受容される．この章では，種々の個体間の関係，そして情報伝達の様相を説明する．また，それらの機能や進化的由来について考察する．

6.1　動物が群れることによる利益

動物によっては，その生活をしていく上で，なんらかの理由で群れているものがいる．つまり，個体間の関係が濃密な群れや集団を形成しているわけである．表 6.1 に，さまざまな動物の群れや集団のカテゴリーと，それらの特徴および動物の例をまとめた．なお，同じ群れがいくつかのカテゴリーに

表 6.1　さまざまな動物の群れ

カテゴリー	集合の特徴	動物の例
単純な群れ	単純な無機要因で寄り集まったもの	石の下のミミズ
防衛上の群れ	寄り集まることで防衛効果が高まる	アメリカシロヒトリの幼虫，ニシン
採餌上の群れ	寄り集まることで採餌しやすくなる	ムクドリ，鳥類の混群
生殖上の群れ（ハーレム）	寄り集まることで生殖が効果的になる	アザラシ，アフリカゾウ，ニホンザル
レック集団	独身雄が集まり，雌が選好する	ソウゲンライチョウ，シュモクバエ
複数家族集団	はっきりとした生殖ペアーが複数集まる	ペンギン，ハタオリドリ，アホウドリ
真社会性コロニー（超個体的集団）	生殖カーストと不妊カーストがある	アリ，ミツバチ，シロアリ，ハダカモグラネズミ
群体性動物	個体が直接的に連結した集合	コケムシ，サンゴ虫，クシクラゲ

当てはまる場合もあるが，ここではあえて分けてある．

動物個体が群れること，つまり集合生活することは，個体にとってどのような利益があるのだろうか．また，そこでは利益ばかりでなく，逆にどんなコストがあるのだろうか？　もちろん，利益とコストの差引がプラスになっているからこそ，動物は群れているのだが．動物個体が群れる理由として，おもに以下の①から⑦までの理由があげられる．以下，それらの理由を，例をあげて説明しよう．なお，群れによっては複数の理由が該当するものもある．

①　不利な環境条件への抵抗性が増す

一部の動物が群れで**巣**を作る．つまり巣はなにがしかの生息環境を改変することになるが，通常はひ弱い子どもを厳しい無機環境（降雨，降雪，低温，高温，風，乾燥など），天敵，競争者から守る意味が大きい．

②　交尾の機会が増大する

鳥類や昆虫類の一部に，繁殖期になると特定の場所に雄たちや雌たちが集合する種類がいるが，集合した個体たちはそうしない個体に比べて交尾の機会が増大している．ソウゲンライチョウやシュモクバエなどの雄の集合を**レック**といっている（コラム 5.3）．これらの動物の雌は，集まった雄の中から配偶者を選好している．

③　食物獲得の効率があがる

食物がパッチ状分布している場合，もし，単独で餌を探し回るよりも群れで探した方が発見の効率が高いのなら，個体はその群れに参加するようになる．たとえば，ライオンのような単独では狩猟の成功率が低い捕食者は，群れることで狩猟の成功率を向上させている．

④　競争者への対抗力が増す

社会性昆虫の多くがそうであるように，コロニーどうしの資源獲得の競争が厳しい．その理由は，個体のサイズが同じようなものであった場合，集団に対して個体が立ち向かうのはほとんど不可能だからである．集団行動をしている競争者に対して，集団行動で対抗しているのである．

⑤　捕食者からの逃避および防衛効果があがる（見張り，警戒，希釈，攻撃）

6.2 節で詳述する．

⑥　育児を共同で行うことで効率があがる

鳥類や哺乳類の共同育児（協同育児）は，多少の利害対立はあるものの，結果として子どもたちの生残率を高める．単独個体で子育てするよりも，複数個体で育てた方がよいというわけである．種によっては親が育児するばかりでなく**ヘルパー**の参加が認められるが，多くの場合，ヘルパーは育児される個体の姉や兄などの血縁者である．

⑦　生活慣習を伝達する

霊長類やある種の鳥類などでは，他者の行動をまねて，記憶することができる．とくに若い個体にそのような能力が高いようである．そして，単純な親子間よりも，群れ生活の中でそのような生活慣習が伝達されやすい．宮崎県の幸島のニホンザルにおけるイモ洗い行動の伝達，チンパンジーのシロアリ釣り行動などがよく知られている．

6.2　群れることによる捕食者からの逃避および防衛効果

動物個体にとって群れに参加するとどのような利点があるだろうか？　また，群れの規模によって個体の行動はどのようになるだろうか？　例をハトの群れで説明しよう．群れているときのハトの行動は，警戒，採餌，仲間との争いの３つの要素でみることができる．

①　ハトは単独でいるときよりも，群れているとき，そして群れの個体数が多ければ多いほど，天敵のタカから逃げる効率が高い．なぜなら，群れの個体数が多い方がそれだけ**警戒**の眼が多くなり，誰かが敵を発見すればその逃避行動によって敵の接近を察知しやすくなるからである．

②　**採餌**において群れ効果はどのようなものだろうか？　ハトにとって自然界では食物はどこにでもまんべんなく存在しているわけではなく，常に探し回っていかねばならない．そのような状況での**採餌効率**は，群れの個体数の増大との関係においては，山形のカーブをたどる．個体数が少ないと餌の発見効率が小さく，したがって採餌効率もわるい．逆に個体数が多すぎれば，餌の発見効率は増すだろうが，仲間との取り合う争いにより，個々の個体が餌を得る確率は減少する．結局，ある中ぐらいの群れ個体数のときがもっと

も餌を採りやすくなる.

③　**仲間との争い**は個体数が増えれば増えるほどましていく．そして，ある許容範囲を超えれば，もうその群れに参加しない個体が出てくるだろう.

④　捕食者のタカは一度の襲撃では一匹の獲物しか捕まえられない．したがって被食者のハトにとっては，単独でいるよりは複数でいる方がずっと襲撃される確率が減ることになる．これは群れることによる被害の確率をさげる「**うすめ効果（希釈効果）**」である.

魚類の群れにおいては個体間の距離がみごとに一定に保たれている．個体はこうした群れに参加することによって，単独でいるよりもずっと被害の確率を小さくできる．図6.1は大型捕食者から逃れる小型の魚の群れ行動をしめしている．図6.2においてそのような群れを作る際の個体ルールを説明した．このようなシンプルなルールでも，魚たちはときに全体としてまるで巨大な生き物のような実にみごとな群れを形成している.

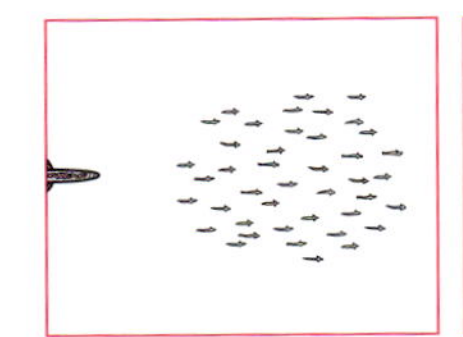
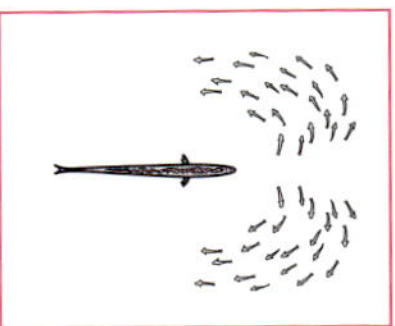
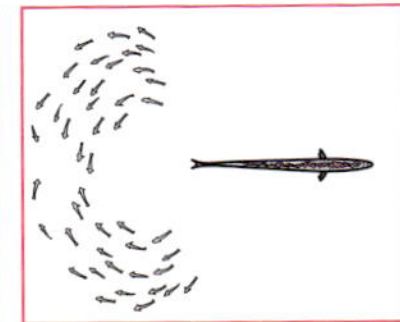
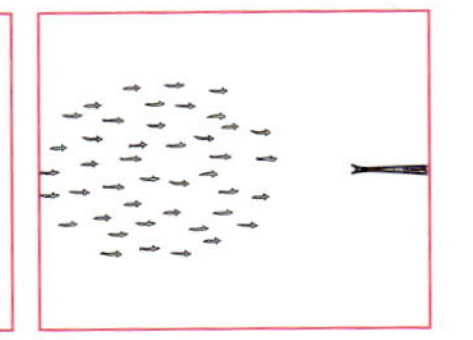

捕食者が来たら側面を通って後部に逃げる

図6.1　魚における群れの効果
（Partridge, 1982より）

魚の群れ行動のルール

①近隣者が遠くへ去るならそちらに行け！
②近くの魚との衝突を避けよ！
③上の２つのルールにそって近隣者たちが好ましい距離のところにいるなら，同じ方向に動き続けよ！

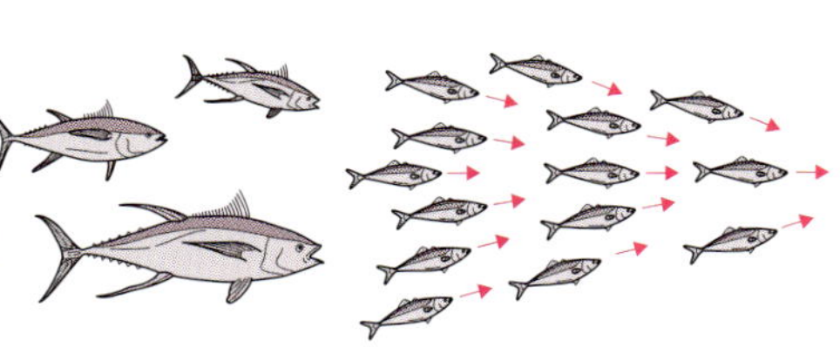

図6.2　魚の群れの逃避行動における個体ルール
（松本・福田，2007より）

コラム 6.1
利己的群れ仮説

コウテイペンギンは，南極のマイナス 50℃にもなる厳しい寒さに対処するために，氷の上にいる場合には体を寄せあって立っている．こうする方が単独で立っている場合よりも体温が奪われる割合が少ないからである．お互いに助け合っているようにみえる．しかし，この行動は他者に対して助けるためだけに向けられているわけではない．それは風上に位置したとき，しばらくそこにいたとしても，次々と風下や中心の方に移動していき，位置が有利になるよう交代していくことからわかる．群れることには個体たちの利己的な動機が大きいのだが，それは，単独でいたならば決して生き延びられないからである．このようなことを社会生物学で有名な **W.D. ハミルトン**（1971）は**利己的な群れ**（selfish herd）と名づけた．群れにいる個体は，仲間のために利他的にふるまっているのではなく，利己的な動機でそれに参加しているのだというわけである．

図 6.3　ペンギンの群れ

6.3　動物個体間の情報伝達

動物における**情報伝達**（コミュニケーション）とは，動物個体から出された**信号**（シグナル）が他の個体の感覚器官で受容されて，なんらかの応答が起こることをさしている．実際に使われる信号は多様であり，受容される感覚器官も多様である．ここで，動物の個体間にどのような情報伝達があるのかを，簡単に説明しよう．表 6.2 は，動物が用いるそれらの信号，受容方式，受容器（部位）について表している．

表 6.2　動物個体間の情報伝達（コミュニケーション）方式

信号	伝達方式	受容方式	受容器
光線	色彩，紋様，踊りなど	視覚	眼
音波	吠え声，さえずり	聴覚	耳
振動	体の震え	機械的	筋肉
フェロモン	匂い	嗅覚	鼻，触角
電気	水中電位	電気的	電気感覚器
物体	贈呈物（プレゼント）	味覚	口器，舌
闘争	体や武器の衝突	筋肉運動	身体全体

（松本・二河，2014a より改変）

6.4　個体間の情報伝達がもつ機能

動物はさまざまな信号を受容し応答するわけだが，それらの情報伝達の機能として，個体が保有している性質の認識がある．下記は，そのような認識のカテゴリー分けをしている．

①　**種の認識**（同種の個体であるか，異種の個体であるかを識別する）

②　**個体特性の認識**（同種個体がもっている特性を識別する）

(a) 性の認識（雌であるか，雄であるか）

(b) 血縁の認識（親子であるか，兄弟であるか）

(c) 巣仲間の認識（同じ巣の仲間であるか，異なった巣の個体であるか）

(d) 齢の認識（若齢であるか，老齢であるか）

(e) 群れ内順位の認識（弱い個体であるか，強い個体であるか）

以下に，若干の説明を加えよう．

① 種を認識する能力

動物が有性生殖を行う際は，個体間における**種の認識能力**が必要である．これは相手が同種個体であるか異種個体なのかを認知する能力のことである．それが必要な理由は，もし，雌雄の個体間で求愛ディスプレーを行い，そして交尾などの生殖行動をしたとしても，異種個体間であったら配偶子が受精できないからである．また，もし，近縁種の個体間で交雑して子どもができたとしても，その子どもが成熟したときに妊性をもたない（次世代を作れない）からである．そのような事情から，**種間差異**の認識能力をもった個体のみが子孫を残せるわけで，種の認識能力に自然選択がかかるといえる．

たとえば，蝶類や鳥類では近縁種において，色彩，斑紋，模様などがなにがしか異なっているのは，それらの信号で種の違いが識別され，異種間の交雑が回避されていると考えられる.哺乳類の場合は嗅覚が発達しているので，おそらく種間における匂いの違いが,種の認知にはきいていることであろう．

なお,有性生殖における求愛行動としてのさえずり（鳴き声），遠吠え（吠え声），ダンスなども種の認識に関係している．

② 同種個体の特性の認識能力

同種の個体間において，個体の特性を識別する能力は，さらに込み入っている．まず，(a) 相手が雌であるか，雄であるかの識別，つまり**性の認識**は有性生殖を行う上で必須といえる．次に,(b) 血縁者（親子や兄弟）であるか，非血縁者であるかの識別を**血縁認識**という．(c) 同じ巣の仲間であるか，異なった巣の個体であるかを識別する**巣仲間の認識**，あるいは，(d) 若齢であるか老齢であるかなどを識別する**齢の認識**であるが，(b)，(c)，(d) は，アリ，シロアリ，ミツバチなどの社会性が発達した昆虫においては，その社会を維持発展する上で大きな意味がある．このような社会性昆虫ではワーカーや兵隊たちは利他行動をするが，それがたとえ死を迎えるような自己犠牲的な行動であったとしても，生殖者（女王や王）が血縁者であり，それらの妊性を増すのであれば，結果として自身の包括適応度を上昇させることになるからだ（8.4 節を参照のこと）．

他には，相手が雌であるか雄であるか，そして成熟しているか未熟であるかなどの**性的状況**，弱いか強いかという**順位状況**などを認知している．このように，動物たちはさまざまな情報伝達の中で，巧みに個体特性の識別をしている．

6.5　動物が出す情報の種類

動物が同種の他個体に出す情報にはさまざまなものがある．ここではそれらの情報を，指示的情報，空間的情報，性的情報，イベント的情報などのカテゴリーに分けて説明しよう．

① **指示的情報**：動物には，顔の表情，体の姿勢や動きなどで，なんらかの指示的情報を伝達するものがいる．たとえば，イヌの表情は指示的情報を発信しているが，受信個体はそれを認識する．図 6.4 には，さまざまなイヌのそのような表情を描いている．それらが示す指示の内容は，たとえば次のようなものである．

- **受信個体に注意を喚起する（見ろ！　来るな！）**
- **応答の程度に影響を与える（やさしくしてね，遊んでね）**
- **怒り，服従の程度（とても怒っているぞ，負けました）**

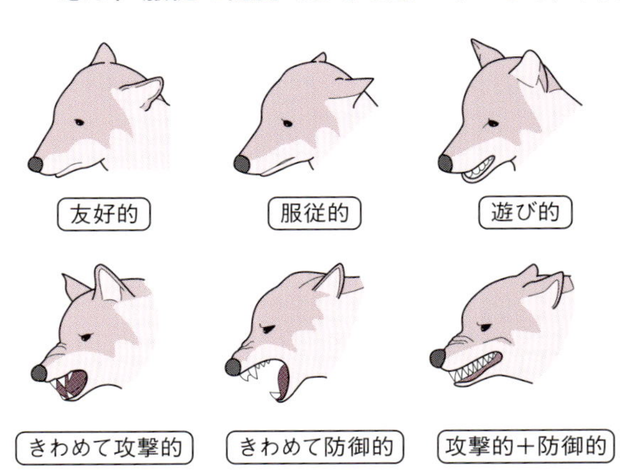

図 6.4　指示的情報を伝えるイヌの表情
（松本・二河，2014a より）

これらの指示は顔の表情だけでなく，体の姿勢，しっぽの動きなども加味してなされている．私たち人間も表情が豊かであり，表情によっては他人の心理にけっこう影響を与えるものである．

小鳥類の場合，巣の中にいるヒナたちは親鳥が近づくと，くちばしを大きく開けて特有の鳴き声を発信する．この鳴き声によってヒナは「食べ物が欲しい」という信号を親鳥に伝達する．親鳥はその鳴き声を聞くと，ヒナに対して採取してきた餌を与える．これは定型的な**本能行動**（生得的行動）であり，もし，ヒナがなんら鳴き声を発信しなければ，親鳥は決して餌を与えようとしない．なお，托卵鳥のヒナはまったく別種の親に育てられるが，このような餌ねだりの信号を巧みに操って給餌を受けている．托卵は繁殖寄生の一種であり，育児寄生ともいう．托卵鳥としてはカッコウが有名で，オオヨシキリなどの巣内に卵を産みつける．

②　**空間的情報**：動物が空間的情報を発信する例はあまり多くはないが，ミツバチのワーカーがダンスによって情報伝達する例が有名である（図 6.5）．ミツバチのワーカーは花のパッチにおいて花蜜を採取して巣へ戻ると，垂直に立っている巣盤の上で尻振りダンスを踊る．このダンスは他のワーカーた

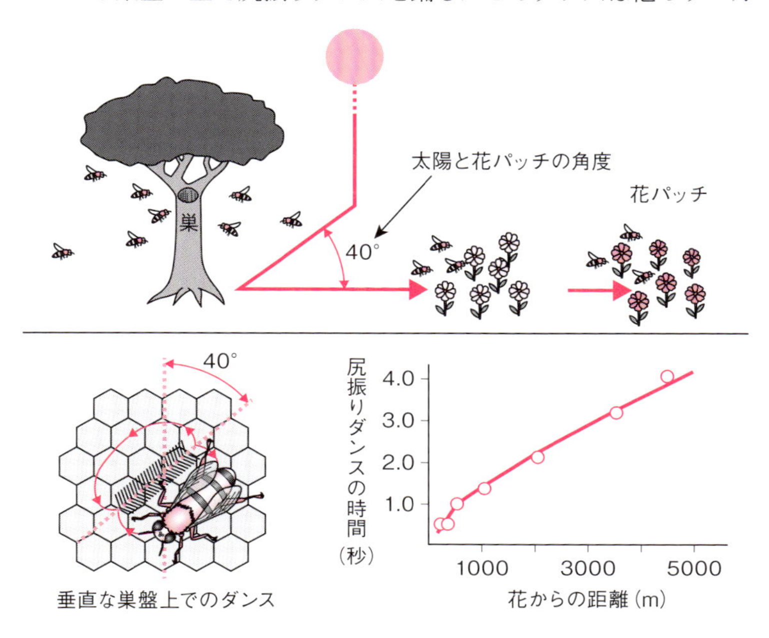

図 6.5　空間的情報を伝えるミツバチの尻振りダンス
ミツバチの採餌ワーカーは，他のワーカーに尻振りダンスで花パッチの位置方向と距離を教える．（松本・二河，2014a；シーリー，1995 より作図）

ちに，採餌した花パッチの位置，方向，距離などを教える，いわば言語のようなものである．たとえば，図 6.5 の上では「太陽に向かって右へ 40 度方向の遠くに餌がある」ということであるが，花パッチの方向は垂直からの角度で示されていて（図左下），花パッチまでの距離は，ダンスの持続時間で知らせる（図右下）．距離が近ければダンスの時間は短く，遠ければダンス時間が長いことが，ノーベル賞を受賞した K. von フリッシュの研究で知られている．

③　**性的情報**：動物の生殖時期は年 1 回程度に限定されている場合が多いが，その限られた時期において，自身が生殖可能なことを宣言するのは，生殖をする上で大変重要である．たとえば，アブラゼミの雄は盛夏の昼間に大きく鳴くし，スズムシやコオロギの雄たちは秋になると一晩中鳴いて雌を惹きつけようとする．ウシガエルの雄は大きな鳴き声を夜中に轟かせる．これらは，「私は十分に成熟していて授精可能です．ぜひ私のところに来て下さい．」と雌に対して訴えているのである（図 6.6）．ところが，その雄のそば

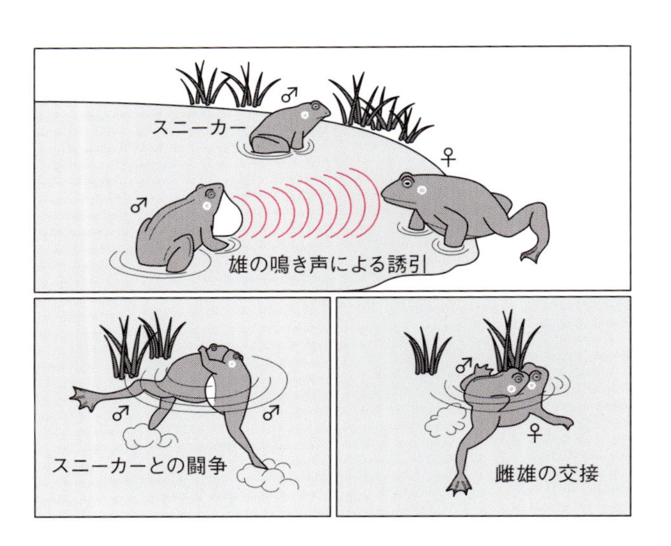

図 6.6　ウシガエルの鳴き声と交接行動
（松本・二河，2014a より）

には鳴かない雄がいることがあるが，これは他者の鳴き声にやって来た雌を奪おうとする．このような雄を**スニーカー**という．そんな場合，鳴いた雄とスニーカー雄は，近づいてきた雌をめぐって闘争をすることになる．

雄がやってきたとき，交尾を拒否する信号を出すような雌もいる．たとえば，モンシロチョウの雌の場合は，交尾拒否をする際は翅を広げ腹部末端を上へ突き出す．これは**交尾拒否姿勢**というが，「交尾は無理です」ということを示す信号である．雄はその信号に反応してあきらめ去っていく．

④　**イベント的情報**：現時点で起きているできごと，これから起こる行動に関する情報はイベント的情報である．例として，キジやコジュケイのような鳥類において，天敵である捕食動物が近くに来た場合，鋭い鳴き声を発することがある．これは**警告声**（警戒声）といい，ヒナあるいは仲間に対して「捕食動物が近くにいます，注意して下さい」というような警告を発していると考えられる．

6.6　求愛行動の意義と進化

動物よっては，**求愛行動**における情報発信が特異的に発達しているものがいる．ここでは，そのような求愛行動がもつ意義と，**性選択**によるその進化について説明したい．

雌雄差がある多くの動物においては，雄の方が雌よりも華美な形態や色彩をしていて，また，求愛行動においても複雑な行動をとっている．つまり，多くの場合，雄は**求愛信号**を発信する側であり，雌の選り好みの対象となる形質，つまり，**標的形質**が進化している．一方，雌は雄がもっている標的形質をより強く選好する形質が進化する傾向にある（図 6.7）．

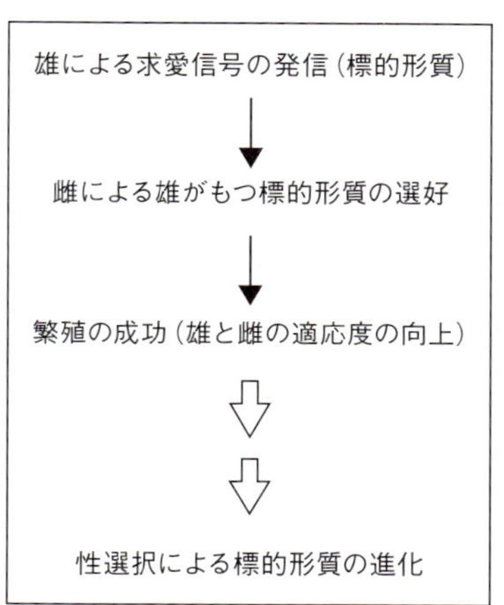

図 6.7　求愛行動の時間的な経過

では，雄において進化しやすい**求愛行動**上の**標的形質**には，実際にどのようなものがあるだろうか．鳥類における典型的なものとして，ニューギニアとオーストラリア北部に生息しているゴクラクチョウ類やニワシドリ類の標的形質が有名である．ゴクラクチョウ類の場合は雄がきわめて華美な羽毛をもち，種々の求愛ダンスを行う．19 世紀の中頃に当時の蘭領インドネシアで生物採集を行い，『The Malay Archipelago』という紀行を表して生物地理学で有名な A. R. ウォーレスが，ゴクラクチョウ類の求愛ダンスについて述べている．図 6.8 に見られるように，生殖期になると雄たちが熱帯樹林のこずえに集まってダンス行い，おのれを誇示する．雌たちはその様子を周辺でうかがっていて，気に入った雄にアプローチする．このような求愛場における雄集団を動物行動学では**レック**といっている（コラム 5.3 を参照のこと）．同じくニューギニアにいるライフルバードの場合は，縄張りが発達していて，雄は縄張りの中心部において単独で求愛行動を行う．翼の先を交互に打ち付けバシバシと大きな音を鳴らし，胸の部分の鱗模様が銀色に輝き，またときど

図 6.8　ゴクラクチョウの求愛ダンス場（レック）
A. R. ウォーレスの『The Malay Archipelago』（1869）で描かれているこの図では原住民がこの鳥を採っている様子があるが，鳥はヨーロッパからの業者によって剥製にされ本国にもち帰り，きわめて高価にとりひきされた．

き大きなするどい鳴き声を発するが，それらは雌の関心を惹きつけるためのものである．また，アオアズマヤドリの雄の場合は，縄張りの中心のところに枯れ草で東屋を作るばかりでなく，青い物質を東屋の前に並べたり，さらには東屋の前で求愛ダンスを行ったりして雌を惹きつけようとする．

雄たちはこのような**ディスプレー**をより魅力的に行うことによって，一方，雌たちはディスプレーが魅力的な雄を選ぶことで，それぞれの**適応度**＊6-1 の向上をはかることができる．たとえば，ディスプレーの上手な雄はより健康であり，また，その上手という形質は息子に伝わる確率が高く，息子はより多くの雌から選ばれるからである（6.10 節参照）．

6.7 動物の闘争行動

動物間の闘争行動で使用される体の**武器**はさまざまなものがある．中でも角や牙（きば）や大顎は典型的なものである．ウシ，シカ，カブトムシの角，ゾウ，イノシシの牙，クワガタ，ワニの大顎が，種内あるいは種間の闘争に役立てられていることは容易に想像できよう．

図 6.9 には，シカ類 42 種における闘争の武器である角の大きさが，それぞれの種の体の大きさと対比して表示されている．体が最も小さな部類のシカたちには角はなく，その次のクラスでは角はあっても体の大きさに対しては小さい．ところが，体が大きくなるにしたがって，それらの種の角はより大きくなり，最大級のトナカイやヘラジカでは，重さを考慮すると，まるでバランスが失われてしまうかのごとく大きくなっている．体の大きなシカ種ほど，体が大きくなるにしたがって角の形が複雑になるということは，闘争において角が重要であることを意味していよう．もし，より大きな角をもった雄ほど闘争に強く，結果として繁殖成功度が高いのなら，雌による雄の選

＊6-1　適応度とは，一個体がその遺伝子型を次世代に残す子孫への平均貢献度であり，他の遺伝子型と比較したときの相対値である．これは，普通，1 個体あたりの平均の子ども数で見ている．つまり，適応度が高いということは，その個体はより多くの子どもをもつということである．また，適応度がゼロということは，まったく子どもをもてないということである．

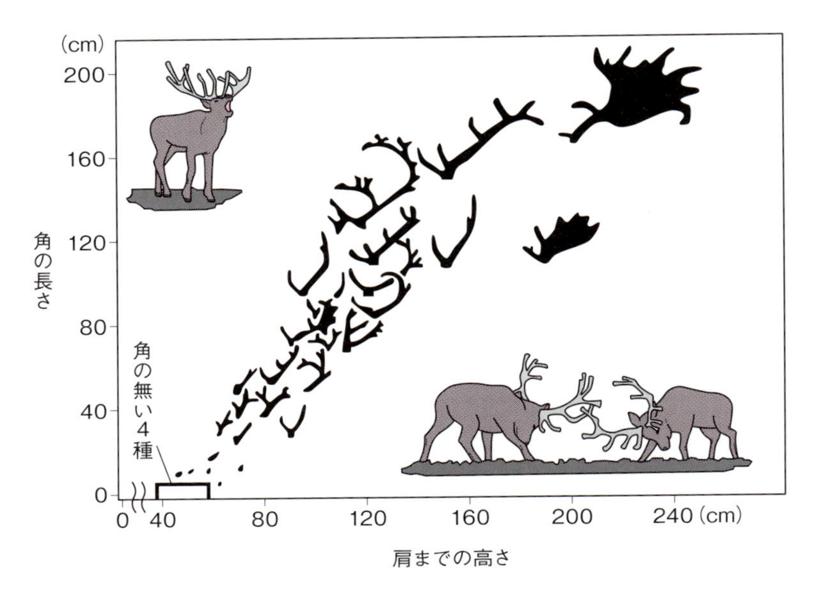

図 6.9　闘争の武器（シカの場合）
縦軸の角の長さはシカ角の大きさの指標で，また，横軸の肩までの高さはシカの体全体の大きさの指標である．一番小さいクラスの 4 種は角を保有していない．角を保有する種類では，一般に体の大きさに比例して角も大きくなり，また, 角が大きいほど複雑な形態となる傾向がある.（松本・二河，2014a より）

好において，角の大きさが効いている可能性もある．

動物よっては，個体間の直接的な闘争行動に出る前に，なんらかの信号を発するものがいる．たとえば，小鳥たちは鳴き声で**縄張り宣言**を行うが，これは他個体に対する典型的な情報発信である（図 6.10）．ウグイスの春先の美しい鳴き声が雄の必死の縄張り宣言であり，雌を惹きつけるための恋歌なのである．なお，若雄たちは成熟雄の鳴き声を学習するが，学習能力が劣る雄には雌が来てくれないことが知られている．

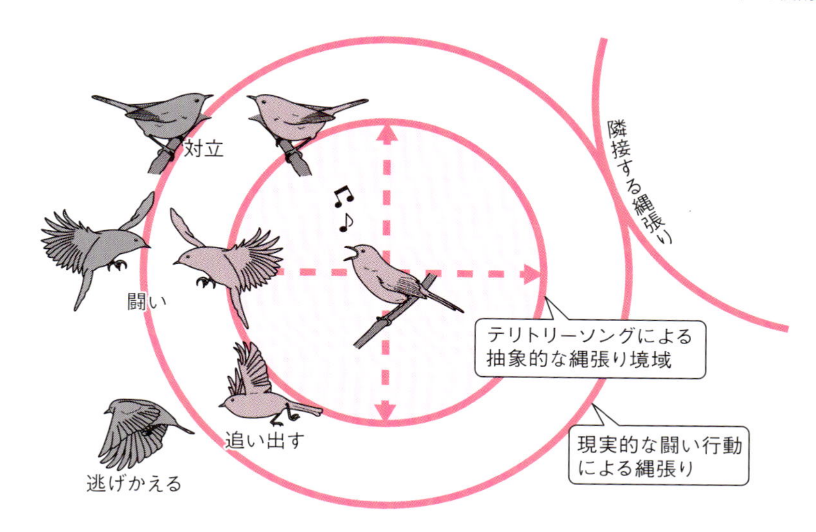

図 6.10　小鳥の縄張り宣言と闘争
小鳥では雄が繁殖季節に樹木のこずえで歌う種類が多い．その場合の歌声は，他の雄に対してテリトリー（縄張り）の保有を宣言する意味が大きく，また，雌を誘引する役割もしている（松本・二河，2014a；中村，1976より）．

6.8　情報伝達物質（フェロモン）の役割

フェロモン[＊6-2]とは，動物などが体外に分泌して，同種の他個体における行動や発育になんらかの変化を与える生理活性物質で，同種個体間の関係を綿密にする上で重要な物質である．

このようなフェロモンは社会性が発達した動物では多様に使われているが，それらを図 6.11 に示した．社会性昆虫の行動における具体的な内容については，8 章で説明することにする．

＊6-2　フェロモン（pheromone）は，カイコガの雄誘因物質は特定した P. Karlson とシロアリのカースト分化を研究した M. Lüscher が作った造語で，ギリシャ語の「*pherein*（運ぶ)」と「*hormone*（刺激する)」を合わせて「刺激を運ぶもの」との意味である．

解発因（リリーサー）フェロモン

性誘引フェロモン：　相手の性を惹きつける
警報フェロモン：　巣仲間に異変を知らせる
蟻道フェロモン：　通るべき道を指示する
集合フェロモン：　巣仲間を集める

引き金（プライマー）フェロモン

女王物質：　ワーカーの卵巣の発育を抑制する
兵隊分化促進物質：　子供の発育に影響し兵隊にする

図 6.11　社会性昆虫におけるフェロモンの種類とそれらの作用
解発因とはリリーサー（releaser）の訳であり，同種他個体の行動に影響を及ぼすものを意味している．

6.9　性 選 択

動物において，雄の形態が雌よりも複雑だったり，色彩が派手だったり，求愛行動を強く行ったりするなど華美な形質が進化している種が多い．なぜ多くの動物において**性差（性的二型）**があるのだろうか．つまりなぜ雌雄間で異なった大きさ，形態・色彩・紋様・行動様式などをもっているのであろうか？

そもそも，動物において雌と雄の違いは生殖腺の卵巣あるいは精巣の有無で定義されるが，それらを**一次性徴**とよんでいる．そして，一次性徴以外で，成長後に繁殖と関係して発現する雌雄で異なった形質を**二次性徴**という（表6.3）．この二次性徴は，雄には求愛や交尾に関連して発達するものが，雌には卵や幼体の保護育成に関連するものが多い．この二次性徴には，あまりにも華美であったり，天敵を呼んだり，体のバランスを崩したりで，自然選択においてはそうとう不利な形質と見えるものがある．

ダーウィンは，単純な**自然選択説**[*6-3]では性によって大きく異なった形質の進化がうまく説明できないと考えた．

＊6-3　自然選択説とは単純にいえば，生物は子孫を残す際に，いろいろな形質をもった子孫が生じるが，その環境中での生存競争で多くは負けて脱落し，最も多くの子孫を残し得る遺伝系統が残ることで，生物の進化が起こるという説である．

表 6.3 動物における二次性徴の例

(A) 雌の居場所を知り，これに近づくための器官	ガや甲虫などの長く枝分かれした触角
(B) 雌を捕まえるための器官	ヒキガエルの前足のいぼ，トンボの尾部付属器
(C) 武器となるもの	シカやカブトムシの角，イノシシの牙，ニワトリの蹴爪，アザラシの雄の大きな体，雄の闘争性
(D) 交尾の前，雌を刺激する装置と行動	(a) 視覚に訴える 雄の美しい色，斑紋，ひげ，たてがみ，羽毛のふさ，求愛ダンス，ホタルの発光 (b) 聴覚に訴える 小鳥の歌，オオカミの吠える声，セミの鳴き声 (c) 嗅覚に訴える ジャコウジカの香気，マダラチョウの芳香鱗

（松本・星，2009）

そこで，彼は 1871 年『人間の由来と性選択』という本の中で，**性選択説**を提出した．性行動に関係して選択圧となることがらは 2 通りある．1 つはダーウィンが言う「闘争で他の雄を打ち負かすための力」であり，これは同性間で直接的に優劣を決することに使われる形質で，たとえば，体や武器の大きさ，性能，闘争行動などである．これは**同性内選択**（性内選択）とよばれている．もう 1 つはダーウィンが言う「雌を引きつけるための力」であり，たとえば，派手な色彩や，飾り羽毛，求愛行動などである．これは**異性間選択**（性間選択）とよばれている．しかし，通常は，この 2 つのタイプの性選択は同時に働いている場合が多く，それらの効果を区別することは難しい．しばしば同一の性的特性が同性に対しては武勇力を，異性に対しては誘惑力を示している．

6.10 雌による雄の選り好み（選好性）

性選択による形質の発達が多くの動物において雄側に強く起こっている背景には，繁殖のために異性を求める行動において，雌が雄を選り好みする方が，雄が雌を選り好みするよりもずっと強いことがあげられる．これを**雌の選好性**という．

R. A. フィッシャー（1915）は，上記のことを説明するものとして**ランナウェ**

イ説を提唱した．雌による雄の選好性が次第に強く進化するにしたがって，その選考対象となっている雄の装飾形質も次第に派手になっていく．なぜなら，より派手な雄を好む雌は，より派手な息子を産むことになり，そして，それが次代の雌たちにより好まれるからだ．しかし，あまりに派手過ぎると天敵を誘引してしまう，あるいは生存上のバランスを失うなどで，生存能力を低下させることになり，自然選択では不利となる．雌による雄の選好性と雄の装飾形質とがともに進化していくが，結果として，あるところで止まることになると彼は説明したのである．なお，ランナウェイ（run away）は「逃げる」という意味，「2 人が駆け落ちする」という意味などがあるが，この場合，後の意味になぞらえたのであろう．

これに対して，A. ザハビ（1975）は，次のように説明した．「雌に選ばれる雄の形質は最初から生存上不利である（ハンディキャップがある）が，それを保持してもなお，その雄は生存してこられたほどその雄の他の形質は適応的であるため，そうしたハンディキャップを保有する雄を選好する雌の性質が進化したのだ．」これを**ハンディキャップの原理**という．

P. J. ウェザーヘッドと R. J. ロバートソン（1979）は，雌の選好性に関して，それと孫の数との関係を次のように述べている．「息子の“セクシーさ”によって孫が多くなるという利益と，派手な雄を選ぶことによってもつことのできる子の数の減少する不利益とが，バランスをとる点で安定している．」これは**セクシーサン仮説**とよばれている．

W. D. ハミルトンと M. ズック（1982）は，雌による選好性と雄の寄生者感染度の関係について注目し，**パラサイト仮説**とでもよべるものを提唱した．この仮説の要点は次のようなものである．「雄の派手な形質は，その雄が健康に育ったあかしである．つまり，寄生虫や病気にかかっていないことを示すものである．つまり，成長過程を反映していて，今も優良な健康状態である．雌は表現型の派手さを選好しているが，じつはそれを手がかりとして雄の繁殖力を選好しているのである．」これは，A. ザハビ（1975）のハンディキャップの原理を寄生者抵抗性と関連づけた説と言えよう．

7章 種間関係

生態系の中では，動物は基本的に植物に依拠した生活をしているが，動物どうしでもさまざまな種間の関係をもっている．その種間の関係は生物間相互作用といってもよいが，捕食，競争，寄生，共生などであり，長い進化史を経た実際の生態系の中では，複雑なネットワークを形成している．本章では，おもに動物どうしの種間関係の具体的な様相，そしてどうしてそのようになったのかの理由について説明する．

7.1 自然界における種間関係

自然生態系で同所的に生活している多くの生物種は，互いが**競争**，**捕食**，**共生**，**寄生**などの関係をもっている．表 7.1 は，そのような**種間関係**（生物間相互作用といってもよい）において，双方の生物種にもたらされる利益とコストの関係を表している．

表 7.1 生物の 2 種間の関係（ここでは A 種と B 種としている）

カテゴリー	内容	A 種	B 種
競　争	資源や生息場所などを巡る両種の争い	−	−
捕　食	ある種が他種を捕らえて食べる	＋	−
寄　生	ある種が他種の体内に入るか付着して栄養をとる	＋	−
相利共生	両種が協力関係にある	＋	＋
片利共生	片方の種のみが協力する	＋	0

以下に，それぞれの関係がどのようなものであるか簡単に説明しよう．

7.1.1　競　争

生物は生息し子孫を残すために，環境からなんらかの物質資源とエネルギーを，そして生息空間を必要とするから，同所的に生息している生物たちはそれらの獲得をめぐって競争する．これは資源獲得競争である．とくに必要とする物質資源とエネルギーの内容が似ていると，その生物間の競争関係は激しくなる．そして長い時間の競争の結果として，個々の生物種は次第に環境中で得意とする地位に収まっていく．ある地位を確保するためには，そこから他の種を追い出すことになるが，それを**競争的排除**といっている．生物群集の中で得られた地位は，生態学ではニッチ（生態的地位）とよばれる．そのニッチに関しては7.2節で詳述する．

7.1.2　捕　食

地球の生命史40億年の中で，おそらく前の約30億年は微生物ばかりの世界であった．そして，多細胞性の動物の出現は，約10億年前というかなり遅くなってのことであった．光合成をする植物が，そして，それに依存する動物が登場すると，生物の世界は急速に多様化した．それまでの微生物だけだった世界では，光，水，栄養塩類，酸素，生息場所などの無機環境をめぐっての競争関係はあったものの，他生物をまるごと摂取するような激しい**捕食活動**は少なかったと思われる．ところが動物は他生物を食う専門家である．そのためには，食物となる物体を認知するための感覚器官，そして食物を捕獲するために大きく動ける能力が必要であった．一方，そうした捕食動物の存在は，食われる側の生物（植物，そして動物も）の防衛機能を進化させた．つまり，捕食活動が増大するにしたがって，食物となる生物は捕食による被害を回避する手段を改良していったのだ．これら食う側の攻撃機能と食われる側の防衛機能の両方の改良を**進化的軍拡競争**という．その例は，すでに1章や4章でカンブリア紀の動物について述べた．

7.1.3　共　生

生物の種間関係の中で，ある生物種が相手の種と共にすみ，しかもなんらかの利益を相手の種から受けている場合を**共生**という．そして，相手の種側が利益を得ていない場合は**片利共生**（へんり），相手の生物も利益を得ている場合は**相**（そう）

利共生（**双利共生**）といっている．したがって，共生をしている生物どうしは協力関係にあるといえる．なお，ある宿主となる生物の体内に共生生物がいることによって，その宿主がどのような生物機能が得られるかで，栄養共生，消化共生，発光共生のようにカテゴリー分けすることができる．これらの共生は，宿主となる動物の体内に微生物が住み込んでいる場合が多い．

以下に，それらの共生を行う生物が，宿主の生物に対してどんな利益を与えるかを簡単に記そう．

栄養共生：栄養となる物質を与える（例：アブラムシの菌細胞内での共生バクテリアのブフネラ菌など，サンゴの体内に共生する褐虫藻類）

消化共生：消化吸収を助ける（例：シロアリの腸内に共生する原生生物やバクテリア）

発光共生：発光現象を起こす（例：マツカサウオの発光器官内に共生するバクテリア）

7.1.4 寄　生

共生と同様に，ある種が相手の種と共にすみ，相手の種から利益を受けているのは同じだが，相手の種になんらかのコストをかけている場合を**寄生**といっている．そして，相手の種の体内に生息する場合は**内部寄生**，相手の種の体外に付着している場合は**外部寄生**といっている．いずれも，寄生者は宿主（寄生された生物，寄主ともいう）から栄養を摂取して生活している．内部寄生者は，カイチュウやギョウチュウなどの線虫類，サナダムシなどの条虫類，ジストマなどの吸虫類など多くの動物門にわたっている．なお，実際には寄生であるのか，片利共生といってもよいのか，判定がつきがたいような関係も多い．

外部寄生者には昆虫類やダニ類が多い．たとえば，ノミ，シラミ，マダニなどである．なお，寄生バエや寄生バチなどは幼虫期を宿主の体内で過ごすが，成虫になると宿主を殺して外界に出ていくので，その生活様式は**捕食寄生**とよばれている．

寄生は繁殖に関わることとしても存在する．その有名なものに鳥類における**育児寄生**（**托卵**）がある．たとえば，カッコウはホオジロ，オオヨシキリ，モズなどの小鳥たちの巣の中に密かに自らの卵を産みつけて，宿主（仮親）の小鳥たちによる抱卵や育雛行動を利用する．これは行動形質における寄生戦略といえる．なお，その際は，宿主の小鳥たちの卵とそっくりな色彩や斑紋の卵を産みつける．これは卵の姿に対する擬態である．そして，宿主が産んだ卵より前に孵ったカッコウのヒナは，宿主の卵を背負って巣外にほうり出してしまう．

育児寄生は社会性昆虫のアリ類やスズメバチ類でも知られている．たとえば，ヤドリアリの女王は他種のアリ類の巣に，チャイロスズメバチ類の女王は他種のスズメバチの巣に入り込む．そして，そこにいる他種のアリ類，あるいはスズメバチの女王を殺し，その代わりに自らの卵を産み，それを他種のワーカーたちに育児させることで，巣を乗っ取ってしまう．なお，このような社会性昆虫における育児寄生は，コロニー全体を利用して行われているので**社会寄生**とよばれている．

7.2　動物のニッチ（生態学的地位）

生態学において**ニッチ**（niche）＊7-1という概念は重要である．これは鳥類学者のJ. グリンネル（1904）が最初に提唱した用語であり，**生態学的地位**と訳されている．ある特定の生物が必要とする**生息空間**（すみ場所）および**食物資源**の状況を意味する学術用語である．

生物群集内では，生息空間および食物資源を求めて種間で獲得競争が常に存在している．そのような**種間競争**が進化的スケールで長時間続くと，結果として種間で相互の排除が起こり，個々の種が得意とする生息場所，そして獲得する食物資源の範囲が決まってくる．ニッチとは，種ごとのそのような範囲を意味しているが，たぶんに抽象的な概念である．

ニッチと似たようなものとして，生物群集内における種間のすみ分け，食い分けという概念がある．**すみ分け**とは，生息空間をめぐっての競争の結果

＊7-1　この言葉の元々の意味は，西洋の建築物において人間像や装飾品を飾るための壁面におけるくぼみのことであり，それを生物学に使ったものである．

で，個々の種のすみ場所が異なっている状況を意味し，**食い分け**は，食物資源をめぐっての競争の結果で，個々の種の食物内容が異なっている状況を意味している．

すみ分けと食い分けのプロセスは，他種の影響を強く受けてニッチが変わっていくことといってもよいであろう．そのことを**ニッチシフト**（生態学的地位の移動）という．そして，もともと同じニッチにいたものが，2つの

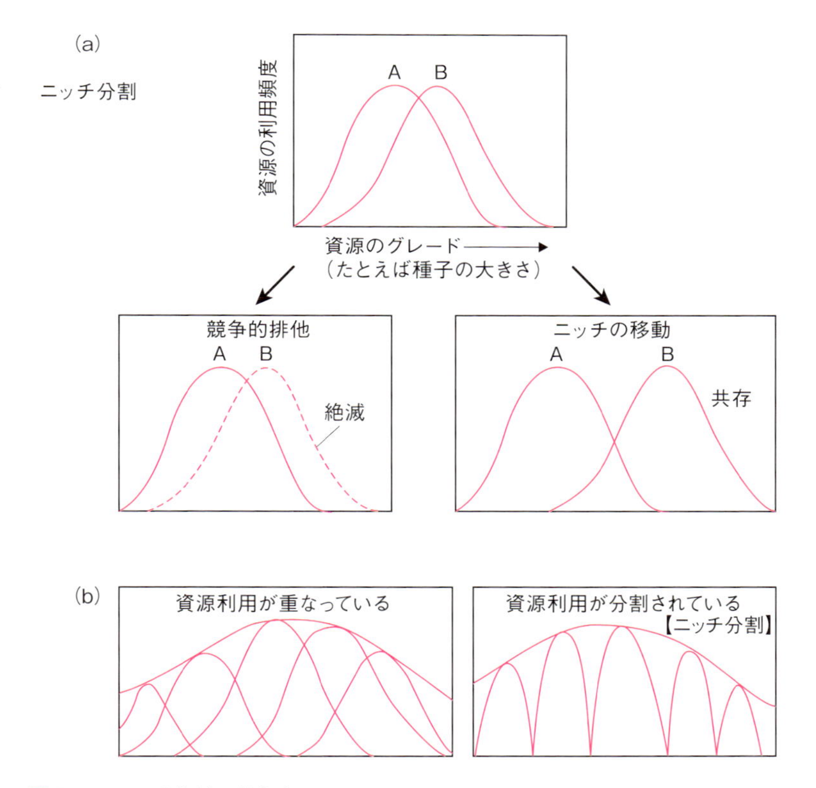

図 7.1　ニッチ分割の考え方
(a) では最初に A 種と B 種は似たような餌資源をめぐっての競争関係にある．時間が経つにつれて競争的排他により B 種が絶滅した場合と，A 種と B 種の両者が餌資源の内容を別にする（ニッチをシフトする）ことによって共存する場合とがある．(b) では複数種の間で競争が進行している状態と，競争が終了して資源利用が分割されている状態（ニッチ分割）を示している．（松本，1993 より）

ニッチに分かれた場合を**ニッチ分割**が起こったという（図7.1）．つまり，ニッチ分割とは，似たニッチにいた生物どうしが，競争によってニッチの内容が異なるように進化することである．なお，同じ種でも，分布する地域が移動し，それに伴ってその種を取り巻く環境が異なってくると，その影響を受けてニッチが変わることがある．

7.3　動物の能動的なニッチ構築と生態系エンジニア

生態系においては無機環境から生物に対するさまざまな**作用**（働きかけ）が認められる．逆に生物体も無機環境に**反作用**を行っている（これを**環境形成作用**ともいう）．さらには生物どうしもさまざまな**相互作用**を行っている．このような生態系における種々の作用は生物の進化を，そして生物界の多様化を促進させる．生物は自身が生き残り，そして子孫を増やすために，生息している環境をなにがしか改変していく．生物による環境改変は普遍的にあるが，その環境改変が生物の進化に影響する場合，新たなニッチの構築がなされることになる．そのことを能動的な**ニッチ構築**といっている．

生息地における環境条件を非常に大きく改変する生物を**生態系エンジニア**といい，その生物による環境改変のプロセスそのものは，**生態系エンジニアリング**である．たとえば，ある植物が繁茂することによって，河川の流路が変化したり，大規模な湿地が生じた場合は，その植物は生態系エンジニアと見ることができる．動物の例では，生活の場や隠れ場を確保するための巣穴作り，産卵や育児のための巣室作り，餌を捕獲するための巣網作りなどを大規模に行い生態系に大きな影響を与えれば，それは生態系エンジニアリングである．

熱帯の沿岸域に生息するサンゴは，強固な外骨格を作り，しかも群体で生活するため，全体として大きな**サンゴ礁**を構築する．でき上がったサンゴ礁の全体は複雑な構造物であり，それらを隠れ家や繁殖の場として使う魚類は多く，サンゴたちはまさしく生態系エンジニアである．なお，サンゴはクラゲ，イソギンチャクなどとともに腔腸動物門に属し種類が多く，また，種ごとに異なった群体を形成する．サンゴが作る外骨格の材料は，海水中のカルシウムイオンと炭酸イオンが結合した硬い物質の炭酸カルシウムであり，そのプロセスは化学的環境改変といえよう．

動物によっては，植生の状態に大きな影響を与えるものがいる．たとえば，アフリカのサバンナ帯では，ゾウ，ウシ，キリン，カモシカ類など大型の**植食性動物**による影響が著しく，草原生態系が持続する上で大きな働きをしている．もし，これらの植食性動物がいなかったら，草原は灌木林に移行するであろう．北米のビーバーは周囲から切ってきた材で小河川にダムを作るが，その影響で池沼帯が拡大するなど生態系に大きな影響を与えることが知られている．

熱帯の生態系においてシロアリ類の地位はたいへん大きい．シロアリ類は社会性をもっていて，大集団で働くことでアリ塚や地中巣などを作る（図7.2）．また，枯死した樹木や草本を大規模に収穫し食物とすることでセルロースを分解し，植生の変化，土壌の撹拌に大きな影響を与えるなど，生態系エ

図 7.2　マレーシア熱帯雨林におけるシロアリの営巣状況
熱帯にはシロアリが多数種いてそれぞれが造巣するので影響が大きい．図全体の左から右に向かって，レイビシロアリ科，ミゾガシラシロアリ科，シロアリ科，キノコシロアリ科，テングシロアリ科の巣を表している．図中のローマ字はシロアリ類の属名の記号（詳細は省略）（松本，2012 より；Collins, 1985 を元に作成）

ンジニアとして大きく活躍している．

7.4　眼の進化と種間関係

カンブリア紀のバージェス化石群やチェンジャン化石群などにおいて，すでに**複眼**を保有した動物が多く発見されている．中には，オパピリアのように突出した複眼を5つももった動物すらも認められる．1.4節と1.5節で述べたように，エディアカラ紀の比較的穏やかな生物界から，カンブリア紀になると生物が爆発的に進化し，そして複雑な種間関係が生じた．その背景にある大きな条件として，優れた感覚器官としての**眼の誕生**が重要であったと考えられている．そこで，いったい眼というのはいかなるものか，種間関係にどのように影響したかを考えてみよう．

カンブリア生物は複眼をもっているものが多いわけだが，複眼というものは多数の**個眼**が集合してできている．個眼を現在のディジタルカメラの画素のようなものと考えると，それらが数百程度ぐらいしかない複眼ではごくぼんやりとした像しか認識できないだろう．しかし，光の感知によって環境情報を取得する方法は，音波，匂い，振動などを検知する方法よりも格段にすぐれていると言える．なぜなら，光は直進性をもち進行速度が著しく大きい．また，多くの波長があるので，それらの波長に対応した検知部分を多くすることによって，細かい識別ができるからである．眼の誕生こそが，捕食者にとっても披食者にとっても，ダイナミックな動きをもたらす原因となったといえる．もちろん，眼が機能できるのは光が届くような浅海という条件ではある．

遠方まで直進的に届く光情報を受容し，その情報を処理する神経系のメカニズムに関しては，化石において軟体や極微部分の記録が残らないので知るすべがないが，5億年も前に動物が眼を獲得したのは，非常に革新的な進化であったといえよう．

ここでさらに，眼が存在することの意味を，古生代の約2億5000万年間を通じてみられる節足動物の**三葉虫類**で考えてみよう．三葉虫類は今まで約1万種も発見されている．そのほとんどが**完全複眼**をもち（図7.3），複眼をもっ

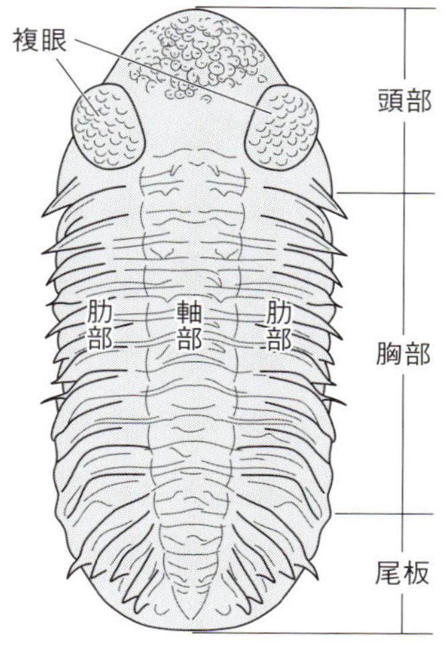

図 7.3　三葉虫の複眼
古生代において大きく繁栄した三葉虫類の多くは体形が扁平であり，頭部の上方に左右一対の複眼をもっていた．この複眼は多数の個眼の集合である．なお，三葉虫の名前は，胸部と尾板が軸部と左右の肋部から成り立っているので付けられている．この写真はアメリカ・ユタ州の博物館で撮影したファーコプス目の種である．

ていない系統は少ない．扁平な体をしているので，複眼で最もよく見える方向は，体の前側方あるいは上方である可能性が高い．やってくる捕食者をいち早く見つけ，海底に潜り込んだのであろう．古生代の前半ではまだ捕食性の脊椎動物はほとんど進化していないが，次第に種々の捕食動物が三葉虫類をおそったようである．それらにも複眼は大きく発達していた．そして，三葉虫類の方も体形が複雑化していった．

現生の節足動物においても複眼をもつものがあり，中でも昆虫類のものは大きく発達している（図 7.4）．たとえば，トンボ類の頭部は左右の複眼が大きな領域を占め，とても視力が良いことは，私どもがトンボを捕ろうとしたとき，接近をすぐ見破られてしまうことからよくわかる．トンボの複眼には数万の個眼があるというから，それらを複合してかなり鮮明な像を認識して

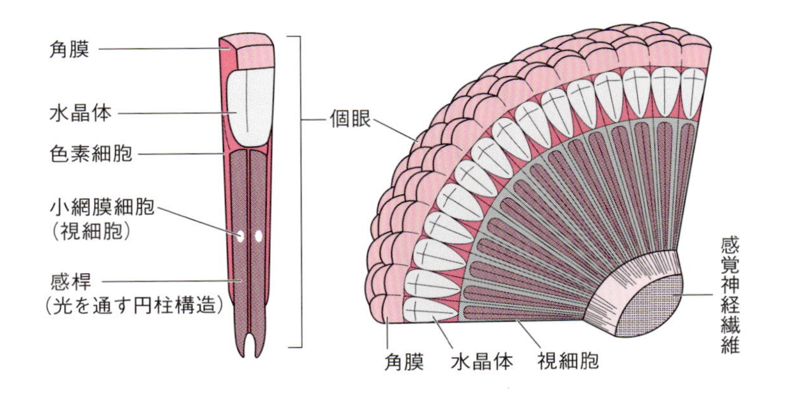

図 7.4　現生の昆虫類の複眼
昆虫類の複眼は図左にある個眼が多数集まったものである．個眼には色素細胞があり，そこでの光による色素の化学的変化が，神経情報として感覚神経繊維を通って頭部にある脳に運ばれ，脳で情報処理が行われる．（松本・二河，2011 より）

いるのだろう．被子植物の進化と強く関連して進化したチョウ類や甲虫類においては，色彩や形態が複雑な種類が多い．6.4 節で述べたように，他個体に対する種の識別（同種であるか，別種であるか）や，性の識別（同性であるか，異性であるか）において，眼の機能が果たす役割は大きいといえる．

脊椎動物における眼は節足動物とは異なった進化をしていて，複眼ではなく左右一対の**カメラ眼**である．そして，レンズはクリスタリンというタンパク質でできていて性能が向上しているとともに，光を受容する神経が**網膜**となっている．網膜には非常に多数の光受容細胞があり，その細胞数が解像度と関係している[*7-2]．また，解像度の上昇とともに，光の波長域の認識，すなわち**色彩の認識**の進化も，動物にとって大変有用なものとなっていった．

＊ 7-2　ヒトでは視神経が約 120 万本もある．イヌでは約 17 万本と少ないが，それは嗅覚に頼る傾向が大きいからである．

コラム 7.1
霊長類の色彩認識

多くの哺乳類は緑色と青色の 2 種類の色覚受容体しかもたず 2 色型色覚である．ところが，霊長類では視覚が発達し赤の色覚受容体をもつ 3 色型色覚であり, これは果実を見つけるのに適している．また, 眼は顔面において互いに接近し前方視および立体視に適している．そのために位置の把握がより正確になるので，霊長類が樹上で渡り歩くときに役立っている．旧世界ザルでは青色，赤色，緑色の 3 色の色覚がある．なお，赤色と緑色の光が重なると，重なりの程度に応じて黄色, 橙色, 茶色と認識する．緑色と青色の光が重なったときは水色（青緑）であり，赤色と青色の光が重なると紫色などになる．そして，3 つの原色が等しい割合で重なると，明るさによって灰色から白色となる.

色彩の認識は，視細胞がどのような波長特性の視物質をもっているかによっている．視物質は感光性の色素タンパク質であり，網膜の錐体細胞と桿体細胞に存在している．桿体細胞の視物質は**ロドプシン**とよばれ，波長特性は悪いが感度がきわめて高く，明暗の識別に関わっている．それに対して錐体細胞には，感度が低いが波長特性の異なる数種類の視物質があり，色の認知に関わっている*.

霊長類の祖先は夜行性であり, おそらく色覚は弱かった．ところが, 被子植物が，動物との共進化によって，種子分散のために動物にとっての栄養となる果肉を備えた果実を形成するようになった．そして, それがより目立つように赤色になったので色覚が発達した．また，動物にとって良い匂いを付けるようになり, 嗅覚も発達した．ところが, 新世界ザルでは，雄は二色の色覚しかもたず，雌は三色の色覚をもつ個体がいる．これは, 新世界ザルが旧世界ザルに比べてより祖先的で, また食物環境が異なっていることの反映なのかもしれない.

---

* ヒトの場合，赤錐体細胞では最大吸収波長が 564 ～ 580 nm 程度，緑錐体細胞では 534 ～ 545 nm 程度，青錐体細胞では 420 ～ 440 nm 程度の視物質であるオプシン類をそれぞれもっている．哺乳類以外の脊椎動物では，桿体細胞には赤，緑，青，紫外の各領域を担当する 4 種類の視物質が含まれている.

7.5　動物における擬態

動物は自身の形態や色彩を環境中の物体に似せることで，攻撃や防衛においてそれを役立てているものが多い．情報伝達のしくみ(発信と受信の意味)を巧妙に利用しているのである．そのようなことを，一般的に**擬態**といい，それをする生物は**擬態者（ミミック）**である．この擬態においては対象となる**被擬態者（モデル）**があるが，それが他生物である場合と，環境中の生物由来の物体などがある．なお，擬態は捕食者（食う者）にも，被食者（食われる者）にも見られるが，これは相手をだますという点では同じことである．

生物界におけるこのような様相は非常に複雑であり，注目すべきポイントによって数々の用語が提案されている．それらをどのような事象に使用するかは，人によって多少の混乱があるが，提案されている用語に関して具体例を添えて説明しよう．

まず，擬態には，それが隠れるやり方である場合を**隠蔽的擬態（ミミクリー）**という．これは，体の色彩や形態を背景とそっくりに目立たなくして，その存在を隠す技であり，キリギリス，シャクトリガの幼虫，ナナフシなど，昆虫類においてはごく普通に見られる．熱帯雨林で見られるカレハカマキリは林床にある枯れ葉に，コノハムシは樹木葉と形状も色彩もそっくりである．ナミアゲハの若齢幼虫は，鳥の糞にそっくりな色彩と形態をしている．脊椎動物でも，タツノオトシゴが海藻に，ヨタカが木の枝に姿を似せるなどの例がある．軟体動物のタコのなかまでも，きわめて巧妙に隠蔽的擬態を行うものがいる．

7.5.1　カモフラージュ

動物が色彩や紋様を背景の物質に似せている場合は**カモフラージュ**である．そして，その色彩を**隠蔽色**あるいは**保護色**といっている．カレイは海底の砂地に，ツチガエルは地面に体色を似せる．タコやイカの仲間には，移動して行く先々で，表皮の中にある色素胞を使用し短時間で体色そして紋様を次々と変化するものがいる．人間界では，このやり方を軍事でよく利用していて**迷彩色**といわれている．森林，草原，砂漠，海原，雪原において，軍服，大小の武器，トーチカなどは，敵に発見されないように背景の中にとけ込む色彩にしている．その色彩は，熱帯雨林においては，濃緑，濃紺，茶色などに，雪原においては白色に，海原では濃紺に，砂漠では茶や黄色になっている．

トラやヒョウの毛皮の場合は，黄色地に黒の縞あるいは斑点があって大変目立つような気がする．しかし，このような色の取り合わせと紋様や**濃淡**は，**分断色**（**分断迷彩**）といわれるものであり，そのことによって動物体がブッシュの中にみごとにとけ込んでしまう．当然，これは餌動物に気付かれないための適応的なものである．

標識的擬態（**ミメシス**）は，隠れるのではなく，反対の目立つやり方をしているものをいう．動物によっては，自分自身が目立つために色彩，紋様などを赤や黄色などに鮮やかにしているが，それを利用している．そして，そのことが捕食者に対抗する機能をもっている場合を**警告色**＊7-3という．ヤドクガエル，ドクチョウ，カメムシ，サンゴヘビなどは，鮮やかな赤色，黄色，青色の紋様をもっているが，それらの色彩は捕食者に対して，自らが毒を保有している（食べるとまずい）ことを警告していると考えられる．

この標識的擬態に関しては，それがもつ機能を指摘した人の名前をつけて，ベイツ型擬態，ミューラー型擬態，ペッカム型擬態（攻撃擬態），などがある．以下に，それらを説明しよう．

7.5.2　ベイツ型擬態

例として，無毒のチョウ類が有毒のドクチョウ類やマダラチョウ類の姿や色彩，斑紋などをまねていることがあげられる．ドクチョウ類やマダラチョウ類を一回でも食べた鳥類は，そのいやな味を憶えて，再びそれらのチョウ類を食べなくなる．この場合，有毒チョウ類は派手な色彩やいやな臭いをもっているので，捕食者がそれを記憶し易い．擬態している無毒のチョウ類たちは，捕食者の記憶力を利用しているといえよう．

7.5.3　ミューラー型擬態

攻撃力をもっているものどうしが，互いに似た姿，色彩，模様などをして

＊7-3　警戒色といういい方もあるが，それは捕食者に警戒させる色彩という意味である．

いて，その力を誇示している場合をいう．例としては，広範な系統のハチ類どうしがいずれも色彩斑紋がよく類似していることがあげられる．ドクチョウ類の別種間での色彩紋様が，地域ごとに似ていることが知られているが，これもミューラー型擬態と考えられている．それぞれの地域における別種の個体群どうしが協調していることになる．なお，ハチ類によく似ているトラカミキリなどは次のペッカム型擬態なので，ミューラー型擬態と入り交じった状態ということになる．

7.5.4　ペッカム型擬態（攻撃擬態）

自分自身は弱いのだが，他種の攻撃力のある動物の姿をまねして強く見せる技を**攻撃擬態**あるいは**ペッカム型擬態**という．攻撃力を象徴するしぐさをまねて脅す場合もこれになる．たとえば，攻撃力の強いハチ類をまね，そっくりの形態と色模様になっているアブ，カミキリムシ，ガなどがいる．これらの昆虫は，捕食者である鳥類やトカゲ類などの記憶力（学習）を利用して捕食を回避している．

8章 社会性の進化

社会性生物は集団で生活し，その中に少数の生殖者そして多数のワーカーや兵隊など非生殖者といったカースト分化が見られることを特徴としている．そして，とくに熱帯の陸域において大繁栄している．ここではそのような動物の社会性の生態状況について解説する．また，繁栄の鍵となっているカースト分化がもたらされた進化的要因について，おもにシロアリとアリ類を例にして説明する．

8.1　動物における社会性とは

同種の生物が集団を作って生活している場合，そのような集団に対して，脊椎動物には**群れ**，植物には**群落**，昆虫類には**コロニー**などの用語が使われている．それらの集団を構成している個体間には強い相互関係があるが，たとえば，クジラ，イルカ，ライオン，ニホンザルなど哺乳類の**群れ**，アリ，ハチ，シロアリ，アブラムシなど昆虫の**コロニー**などは，その典型的なものである．それらのように集団全体がまとまっている状態を**社会性**ととらえることができる．

もともと，**社会**[＊8-1]とは人間の集団を対象とした概念で，なんらかの役割がうかがえる集団をさしている．具体的には，国家，自治体，家族，学校，会社，政党，役所，宗教集団，スポーツチームなどのさまざまな構成単位を社会として認めることができよう．また，社会は「世間」や「世の中」といったような柔らかい意味での使われ方もしている．社会という用語をはじめて動物に対して適用したのは，1878年に出されたA. V. エスピナによる『動物

＊8-1　歴史的には英語の「society」を福地桜痴（源一郎）が1875年に日本語に訳したものである．

の社会(Des Sociétés Animals)』という本である．1920年代ころから，哺乳類，鳥類，昆虫類などを対象として，個別種の社会性に関する実態研究が次第に増加している．日本では京都大学の今西錦司が，生物社会の構成原理を論じた『生物の世界』を1941年に著している．彼は野外における生物生態の基本を**種社会**であると論じた．そして，第2次世界大戦後になって世の中が落ち着いた以後，同氏をリーダーとする京都学派が，ニホンザルをはじめとする霊長類社会の研究で多くの成果をもたらしている．

アメリカにおいて，1975年にE. O. ウィルソンによる大著『社会生物学』"Sociobiology, New Synthesis" が出されると，欧米において**社会生物学**（行動生態学）の大きなブームが起こり，日本においても1980年代に入ってから1990年代にかけてこの学問は興隆した．その中で，昆虫社会の研究に関しても大きな進展がみられた．

8.2　昆虫類の社会性

米国ハーバード大学におけるアリ類の研究者であったW. M. ホイーラーは，『昆虫の社会生活』"Social life among insects" (1923) や『社会性昆虫』"Social insects"（1928）という著書のなかで，豊富な具体例をあげながら，昆虫の社会進化の核心は親子関係の発展であることを論じた．彼は，アリ類，ミツバチ類，シロアリ類などの昆虫コロニーは，**超個体**（superorganism）であるとも述べた．この超個体という概念は，多数の個体が集合生活し，それが機能的にふつうの動物の1個体に相当する状態になっていることを表現している．

昆虫類の社会性の進化学の中で，**真社会性**なる用語を最初に使ったのはハナバチ類の研究者のバトラ（1966）である．彼は，真社会性とは「巣を創設した親が，彼女の成長した娘たちとともに労働の分化を有しながらともに生活している状態である」とした．

その後，C. D. ミッチナー（1969）は，膜翅目のミツバチやハリナシバチなどのハナバチ類の社会性を広範に比較した総説の中で，真社会性とはコロニーにおいて次の3つの性質をもったものと定義した．

① 共同保育　　② 世代重複　　③ 生殖的分業

ここで，**共同保育**とは複数の成体による育児を意味し，**世代重複**とは2世代以上の成体の共存であり，**生殖的分業**とは集団の構成員の中に**生殖カースト**と**不妊カースト**（**非生殖カースト**）の分化がある場合をいっている．なお，生殖カーストとは，妊性をもつ少数の個体であり，女王，王などといわれる．不妊カーストは妊性をもたないか，もっていてもその能力がごく小さい．コロニーにおけるその機能からワーカーとか兵隊といわれる個体である．この時点では真社会性の昆虫類としては，ハチ目のハナバチ類の他に，アリ科の全種類とカリバチ類（アシナガバチやスズメバチ類など），そしてゴキブリの仲間であるシロアリ類の全種類が該当するとされていた．その後，1976年になって，青木重幸氏によってアブラムシ類の中で兵隊を保有する種類が発見され，それらも真社会性とされている．さらに，1992年にオーストラリアにおいてクレスピによって発見されたアザミウマ類の若干の種類なども真社会性とされている．なお，昆虫以外の動物では，1981年になってアフリカのサバンナ地帯の地中に生息している哺乳類のハダカデバネズミ類もシロアリ類と似たカースト構成の真社会性であることがわかり，また，1996年にはカイメンの中に集団で生息しているテッポウエビ類でも真社会性の種類が発見されている．

真社会性は昆虫においていくつもの系統で進化しているわけだが，そのような昆虫の特徴はどのようなものだろうか？　さらに詳しく見ると，以下のような事柄があげられる．

(1) 常に集団で生活している．
(2) 造巣するものが多い．
(3) 家族性／保育性が発達している．
(4) 集団採餌と社会的貯蔵を行う．
(5) 情報伝達の手段が発達している．
(6) 職能による分業（カースト制）が徹底している．
(7) 協働制，追随制による社会のまとまりがある．

表 8.1 には，今までわかっている真社会性動物を示している．種数からは，膜翅目昆虫において真社会性の種がもっとも多く進化しているといえる．

表 8.1　真社会性動物の一覧

分類群	真社会性の種数（真社会性種：全種）	真社会性の起源の回数	遺伝システム（染色体）	兵隊カースト
膜翅目				
アリ類	8800：8800	1	単数倍数性	大型個体
ミツバチ類	1000：30000	7〜9	単数倍数性	なし
スズメバチ類	880：910	1	単数倍数性	なし
アナバチ類	1：6000	1	単数倍数性	なし
等翅目				
シロアリ類	2200：2200	1	両性倍数性	大顎，額腺
半翅目				
アブラムシ類	43：4400	6〜9	倍数性（クローン）	前脚，頭部角
総翅目				
アザミウマ類	6：2500	2	単数倍数性	大型個体
鞘翅目				
ナガキクイムシ類	1：550	1	両性倍数性	なし
哺乳綱				
デバネズミ類	3：12	2	両性倍数性	大型個体
甲殻綱				
テッポウエビ類	6：100	3	両性倍数性	大型個体

（松本，2010 より）

8.3　ワーカーと兵隊の特徴

前節で述べたように，社会性昆虫の大きな特徴の 1 つに**カースト制**があるが，ここで不妊カーストであるワーカーと兵隊の特徴を説明しよう．

ワーカーは一般に**働きバチ**や**働きアリ**といわれている個体たちである．これらは育児，造巣，採餌，給餌，防衛といったコロニーの維持や増殖での役割をしている．巣作り（営巣，造巣）は，天敵に対抗する上で大変有効であるとともに，温度，湿度，空気などの生活環境を良好に保ち，育児の上でも重要である．集団採餌および給餌もワーカーが行うが，これらの活動はコロニーの増殖，存続にとって必須である．なぜなら，生殖虫，幼虫，兵隊などは採餌することができないから，ワーカーたちが常に多量の食物を調達しなければならないからである．

兵隊はコロニーの防衛のために，形態と行動が特殊化した個体たちである．社会性昆虫のすべてに兵隊カーストが存在しているわけではなく，ミツバチ，スズメバチなどの飛翔型の社会性昆虫には兵隊は存在しない．これらにおいては，ワーカーが毒針をもっていて，敵と戦うことができるからである．

一方，歩行性の社会性昆虫であるアリ類においては，大顎の発達した兵隊は 3 割程度の種類に見られる，また，シロアリ類では，ほとんどの種類に兵隊が存在している（進化の途上で二次的に兵隊を失った種類も若干みられる）（図 8.1）．なお，アブラムシ類にも兵隊がみられる．社会性昆虫おける兵隊の有無は，有翅であるか無翅であるかの生活型と大きく関係しているようである（8.6 節でさらに述べる）．

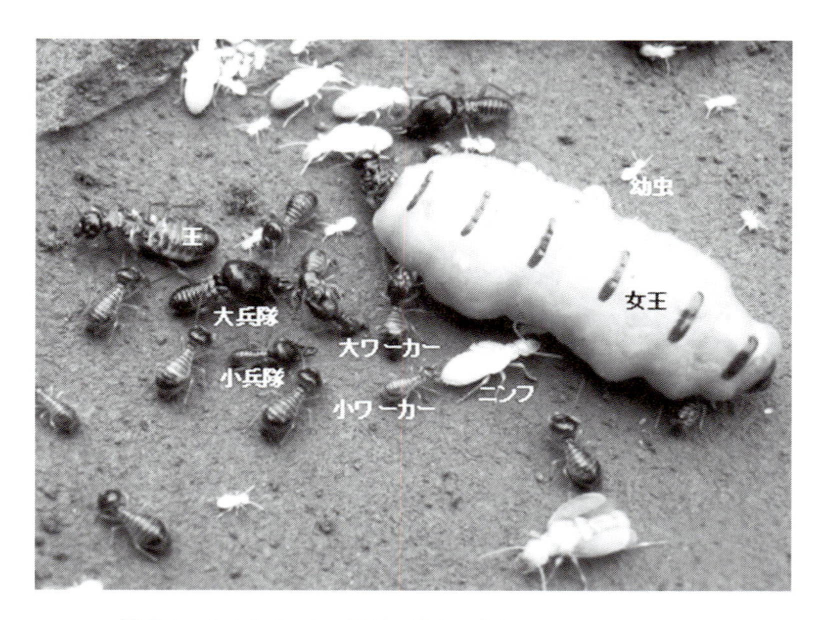

図 8.1　オオキノコシロアリの各カースト
ラオスで撮影した写真（松本撮影），王室の中にいたもの，
女王の体長は 5 cm ぐらい．

8.4　社会性進化の要因 －なぜ社会性が進化したか？－

ワーカーや兵隊カーストの起源，そして，このようなカースト個体はなぜ自らの生殖を抑制してまで**ヘルプ行動**をするのかの説明については，血縁選択説，近親交配説，親による子の操作説などが提唱されているので，以下簡略に解説しよう．

血縁選択説は，A.D. ハミルトン（1967）によって述べられたものである．この説では，ワーカーが世話をする子どもが血縁者の子どもであれば，自らは生殖をしなくても，自らと同じ遺伝子を保有する血縁者（血縁度の高い女王）の生殖を通じて，その遺伝子が後世に伝わりうることを述べている．多くの人によって血縁度を測るなど検証が試みられているが，実際にコロニーの構成員は血縁関係の濃いものどうしであるのがふつうである．つまりワーカーや兵隊たちが行う利他行動は**包括適応度**＊8-2 の上昇の戦略と理解できる．さらに，ハミルトンは社会性膜翅目（ミツバチ，アリ，スズメバチなど）においては，雄が単数体（一倍体）であり，雌が二倍体の**単倍数性の性決定**＊8-3 であるので，このような昆虫では親子間（女王とワーカー間）よりも姉妹間（ワーカーと未来の女王間）の方が，血縁度が高いことに着目した．親子間の血縁度は 1/2 に対して姉妹間では 3/4 で大きく，血縁度の不均衡がある（図 8.2）．ハミルトンは，このような血縁関係のもとでは，自らの子どもをもとうとする利己的個体よりも，親が産んだ妹（未来の女王）の世話をする利他的個体，つまりワーカーのような不妊カーストが出現しやすかったと考えている．これはいわゆる「**4 分の 3 仮説**」といわれるものである．

しかし，コロニー内の血縁度の不均衡を重要視しているこの「4 分の 3 仮

＊8-2　包括適応度（IF）は，次の式で表せる．　$IF = 1 - c + rb$　ここで，c は利他行動をしたある個体が適応度を減らしたコスト，b は他個体が上げる適応度，r は利他行動を受ける他個体との血縁度．このとき，IF が 1 以上の値をとるなら，すなわち，$c / b < r$ という条件の元では，その利他行動は進化しうると考える．

＊8-3　単倍数性の性決定：　雄が単数体（染色体数が n）で，雌が二倍体（染色体数が $2n$）の胚からできる性決定のしくみ．膜翅目昆虫，アブラムシ類，アザミウマ類などで見られる．

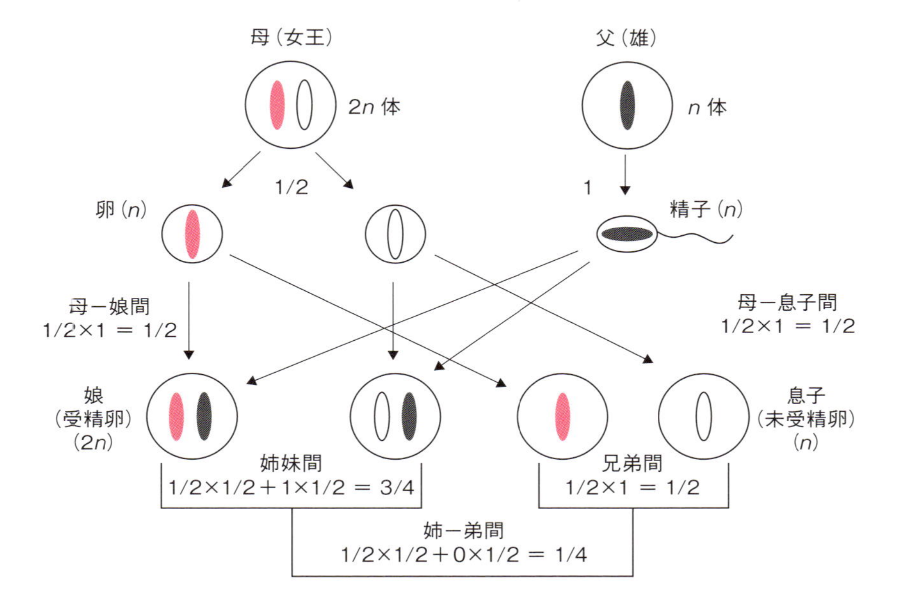

図 8.2　単倍数性の昆虫類における性決定と血縁度
雌親は二倍体（$2n$）で，それが作る卵は単数体（n）なので，雌親と卵の血縁度は 1/2 である．雄親は単数体（n）なので，それが作る精子（n）との血縁度は 1 である．娘である雌は受精卵からできるが，その娘間（姉妹間）の平均血縁度は 3/4 になる．未受精卵から息子である雄ができるが，それらには父親は無く平均血縁度は 1/2 である．（松本・星，2009 より）

説」は，シロアリ類そしてハダカデバネズミ，テッポウエビには適用できない．なぜなら，これらにおいては不妊カーストには雌雄の両方がいて，ともに二倍体であり（両性倍数性），親子間とシブ（兄弟姉妹）間の血縁度はいずれも 2 分の 1 となっていて，コロニーメンバー内には血縁度の不均衡はないと考えられるからである．

シロアリ類においては，ハミルトン（1967）が社会性膜翅目で説明したような血縁度の不均衡を社会進化の要因とするわけには行かない．そこで，ハミルトン（1972）が代替として提案したのが**近親交配説**で，その後バルツ（1979）が数理モデルを提出している．この説では，シロアリの社会性進化の要因として，そのコロニー内で起こっている特有な近親交配を重要視している．バルツは，もし外交配（有翅虫による他コロニー個体との交配）と内交配（コロニー内個体間の交配）が周期的に起こっていれば，社会性膜翅目などの単・倍数性の昆虫におけるのと同様の血縁度の不均衡が親子間とシブ間で起こることになり，そのことが社会性の進化を促進したのだと述べている．

親による子どもの操作説は，アレキサンダー（1974）によって唱えられた説である．彼は，ハミルトン（1967）の血縁選択説に含まれる「4分の3仮説」あるいはその拡張としての「近親交配説」に批判的であった．そして，動物が社会性を進化させた要因として**親による子どもの操作**が重要であると唱えた．社会化のきっかけは，成虫が自らの適応度を上昇させるために，子虫を操作して使うことであるというのである．そして，このような親による子どもの操作が起こる背景としては，捕食など厳しい生態的圧力を重要視している．彼は次のようにいっている．「シロアリの場合は，両親が子どもを養育するために巣を構築すると，その巣は長期間にわたって継続する．そのような場合には，親虫と子どもとの共存が起こり，親は子どもを操作してワーカーにするようになる．一方，子どもの方は，親が死んだとき，その巣資源を親から引き継げる機会をもっているので，巣から離れずに親へ協力する．このような状況が自然選択において有利であり，やがて，長寿命の親虫が進化し，また，完全にヘルパーとしての不妊の子どもが進化したのであろう．」なお，彼は，このアイデアがアフリカのサバンナ域において地中に大規模な巣システムを作り，その中で真社会性生活を営んでいるハダカデバネズミに対しても当てはまることであるといっている（アレキサンダー，1991）．なぜなら，この動物もシロアリと同様に雌雄両性とも二倍体だからである．

8.5　社会性昆虫における自己組織化

社会性昆虫においては，コロニーレベルでの自己組織化をさまざまな局面で見ることができる．**自己組織化**とは自発的秩序形成ともいい，コロニーにおける社会行動を考える上で，この概念は大変重要である．社会性昆虫のコロニーは，少数の生殖カーストと，多数の不妊カーストからなりたっている．そして，どの個体もとれる行動はごく限定されたものであり，しかも，コロニーの中にリーダーのようなものがいない．多数の個体のごく単純な行動でも，それらの行動が集積されれば，複雑で大きな構造を作り出すことができるが，それは自己組織化である．

なお，英語で自己組織化は Self-organization あるいは Self-assembly といい，キャマジンら（2000）によれば，次のように一般的に定義されている．「あるシステムの下位レベルを構成している多くの要素間の相互関係からのみで，そのシステム全体レベルにおけるパターンが創発する過程である．そして，そのシステムの要素間で規定している相互関係のルールは，全体パターンを参照することなしに，部分の情報のみを用いて実行されている．」

フランスの P. グラッセが 1954 年に，シロアリ個体たちの行動観察から，巣や王室などの構造物を建築するプロセスにおける**刺激**と**応答**の連鎖に対して，「**スティグマジー**」という概念を提唱した（図 8.3）．このスティグマジー

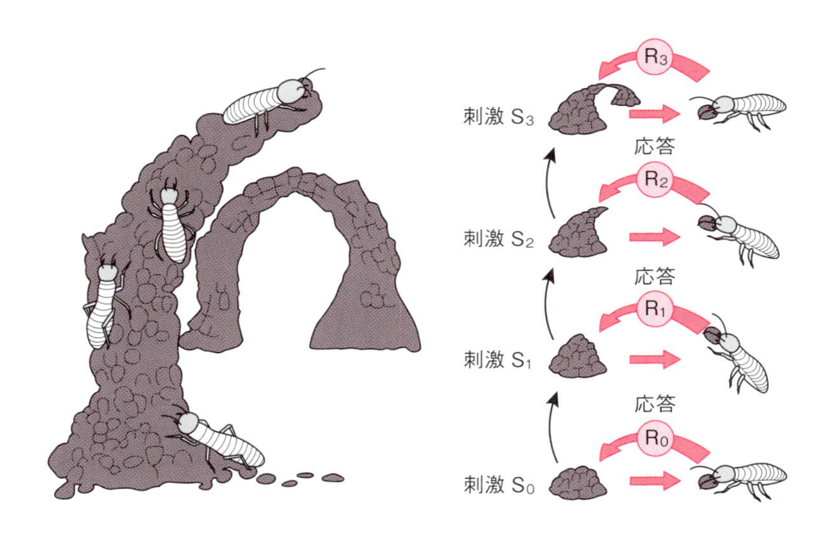

図 8.3　スティグマジー（刺激と応答の連鎖）によるシロアリの建築活動
シロアリのワーカー集団は土粒を積み上げて巣構造を建築するが，眼がないワーカーたちは土粒に付けられた唾液からのフェロモンを手がかりにさらに土粒を付けていく．そして，土粒が積み上げられるにしたがって，それらから出るフェロモン刺激が少しずつ異なっていき，それに応答して建築の方向が変わっていく．このプロセスはフェロモン刺激－行動応答の連鎖である．（松本，2012 より改変）

こそが，群れ行動の基本ルールといえる．

ごく微小な脳しかない一匹一匹が，構造物の全体像を知っているとはとても思えないのに，熱帯域におけるシロアリたちは実に巧みな構造物を作る．昆虫は動物の中で神経系が比較的発達している方だが，脊椎動物の神経系に比べると神経細胞の数はずっと少ない．そして，われわれ人間の巨大脳に比べると，その脳ははるかに小さく，活動レベルはかなり単純なものである．しかし，群れレベルでの自己組織化による集団パワーで，さまざまな構造物を作り上げる．

多数のワーカーたちが行う建築作業はまったくの暗闇中なので，彼らには眼は必要ない．その代わりに，**フェロモン**によるコミュニケーションが発達している（6.8 節参照）．フェロモンとは，個体が放出し他個体の行動や発育に影響する物質の総称である．シロアリのような社会性昆虫では，種々のフェロモンを行動の手がかりに使用している．たとえば，ワーカーたちが土粒を積み上げることで巣や王室が作製されるが，土粒を積む際それにフェロモンを付加する．すると，そのフェロモンが他個体への刺激となり，土粒積みの応答行動をよぶ．そのような刺激と応答の連鎖が膨大な数で集積されて，大きな構造物が形成されていく（図 8.4）．

シロアリの構造物は，人間の家屋のようにあらかじめ設計図が造られ，現場監督（リーダー）の指示にしたがってトップダウン式に建築されるものではない．また，何十年と存在しているシロアリたちの巨大な構造物は，古い部分の破壊と新たな部分の作製といった絶え間ない作業の上に成り立ったものである．それらの作業では，個々のワーカーは単純なルールに従っているだけである．

そのような構造物を建築する際の要素は，以下の (1) ～ (3) のようなものである．(1) 建築部分から行動を誘発する刺激，(2) その刺激に応じた土粒を追加する行動，(3) その行動の結果に生じた新たな建築部分．

つまり，局所的な刺激への単純な行動応答が，次の新たな刺激をよび，さらにその刺激に対する新たな行動応答をよぶという連鎖が続くことで構造物が建築されるのである．

コラム 8.1

社会集団の中でどのようにふるまうか

社会性動物の個体は，その社会集団の中でどのようにふるまっているだろうか．表 8.2 には，個体が自身の維持そして発展のために，どんな性質をもちそしてどんなことを行うか，また，個体がその属している社会集団の維持そして発展のためには，どんな性質をもちそしてどんなことを行うかを記入している．

社会性動物の世界は，ほとんどが全体主義的な行動に満ちている．そこにおいては，ほとんどすべての個体は集団の存続に奉仕するのみである．女王と王はいわば母親と父親だが，ワーカーと兵隊はなんら自らの子を残すことなく一生を終わる．彼らは集団（巨大家族）の存続を第一義にした完全な利他行動を行っている．ほとんどの個体にとって，集団から離れることは直ちに死を意味する．こんな世界は，人間においてはかつてのヒトラーのナチズム（国家社会主義）やソ連のスターリニズムのような極端な全体主義であり，多くの個人の尊厳が著しくそこなわれたものであった．カーストを有する昆虫の社会は，個性を重んじる民主的な人間の社会とは大きく異なるものといえよう．

表 8.2　個を大事にするか，社会を大事にするか

個体の維持・発展のため	社会集団の維持・発展のため
個人主義 利己主義	全体主義 利他主義
自己主張	統合方向
完結性	部分性
自律性	従属性
集団から遠心的	集団に向心的
競　争	協　力
単独行動	献身的行動
逃避行動	神風行動

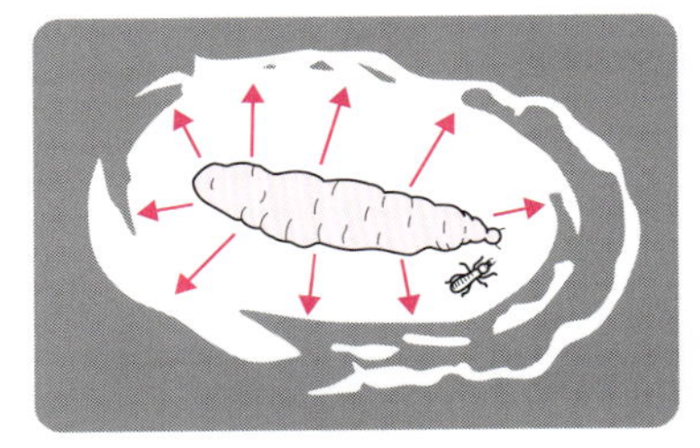

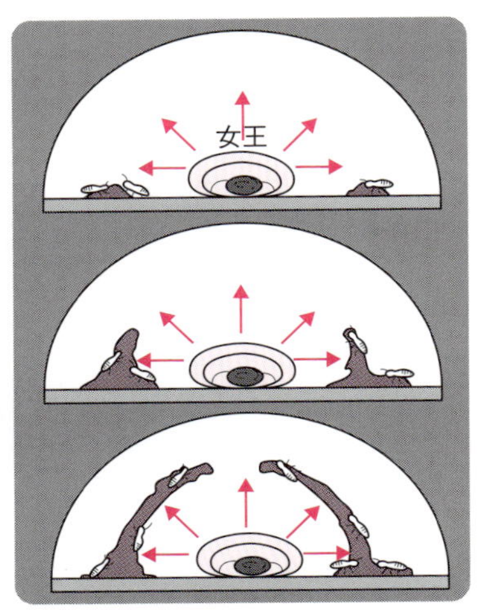

図 8.4　シロアリの王室が作られるにあたってのフェロモンの役割
ワーカーたちは，女王の体から出されるフェロモン（矢印）がある一定の濃度の所に土粒を積み上げ，フェロモンの拡散を遮断する．そのような行動が積算されて王室が構築される（松本・福田，2007）．

このようにして，社会性昆虫のコロニーにおける自己組織化では，かなり簡単なルールでも，結果としてかなり巧妙な構造物を作り上げているといえる．しかし，まだ詳細なメカニズムのわからない現象はいろいろある．たとえば，キノコシロアリの塚においては，キノコの栽培する菌園，あるいは非常に巧妙な空調システムが見られるが，個々の微細な行動を誘発する刺激の詳細はまだわかっていない．おそらく，フェロモンが第一であるが，他に微小な温度や湿度の差，二酸化炭素や有機ガスの濃度，重力などが**テンプレート**（手がかり）となっているのであろう．

8.6　社会性昆虫の生活様式と生態系における地位

社会性昆虫の生活様式を類型化すると，生活空間の広がりに応じて**飛翔性**，**歩行性**，**ゴール形成性**の 3 つに分けることができる．これらは，さらに食性に応じて捕食性，植食性，蜜・花粉食性，吸汁食性，材食性，腐食性，寄生食性，雑食性，菌栽培食性などに分けることができる．このようなさまざまな生活様式は，**有翅**(し)であるか**無翅**であるかと大きく関係している．

飛翔性の社会性昆虫：　ミツバチ類とスズメバチ類も密な集団を作っているが，幼虫を除いてコロニーの全個体が有翅で遠方まで飛翔できる社会性昆虫である．巧みに飛翔することができるので，歩行性の社会性昆虫に比べるとこれらのハチ類の生活圏は空間的（三次元的）でずっと広大である．そのため，ハチ類でのコミュニケーションにおいては，フェロモンや体の接触による刺激もさることながら，視覚情報が大変重要となっていて，よく発達した複眼を保有している．なお，ミツバチ類は花粉や蜂蜜を食物としていて，植物の花粉媒介者として生態系の中で活躍している．スズメバチ類は強力な捕食者であり，他の昆虫類に大きな影響を与えている．

歩行性の社会性昆虫：　アリ類はハチ類とともに膜翅目に属する完全変態性の昆虫であり，シロアリ類はゴキブリ類の仲間で不完全変態性の昆虫であって，両者は系統学的には大変離れている．しかし，両者のコロニーでは，すべての種類に当てはまるわけではないが，以下のようなことがよく似ていて，それらは進化の**収斂**(れん)である．なお，シロアリ類とアリ類のワーカーは，完全に無翅であるので，コロニーの生活圏は二次元的な（面的な）広がりで存在している．

① コロニーが成熟すると，個体数が大変大きくなる．
② 女王（王），ワーカー，兵隊などのカースト（階級）がみられる．
③ 無翅の個体がほとんどで，移動はもっぱら歩行によっている．
④ 地中，地表の倒木内，樹木内などに営巣する種類が多い．
⑤ 巣内でのワーカーによる幼虫の保育行動が発達している．
⑥ 集団による採餌活動を行い，食物の社会的貯蔵を行う種類が多い．
⑦ 匂い物質（フェロモン），体の動き（振動や触角による刺激）による個体間のコミュニケーションが発達している．

ゴール形成性の社会性昆虫：　社会性昆虫には，この他にアブラムシ類に約50種，オーストラリアのアザミウマ類に6種ほど知られている．これらの多くはゴールの中で生活している．ゴールの出入り口を防衛するために兵

表 8.3　おもな社会性昆虫の生態の比較

分類群	シロアリ	アリ	ミツバチ ハリナシバチ	アシナガバチ スズメバチ
生活型	歩行型		飛翔型	
食　性	材・リター食	肉食・雑食	花粉・蜜食	肉食
コロニーの個体数	⊚	⊚	○	○
巣の大きさ，構造	⊚	○	◎	◎
カースト分化の程度	⊚	◎	○	○
生殖虫の寿命	⊚	◎	○	△
生態系における役割	⊚	⊚	◎	○
食物の社会的貯蔵	⊚	⊚	⊚	△
記憶・学習能力	△	◎	⊚	⊚

（松本，2012より）

隊が進化したのである．なおゴールを作らない定着集合性の種もいるが，それらではワーカー数に対する兵隊数の比率が大きい．

以上，社会性昆虫の生態についてその概要を述べたが，ここでおもな社会性昆虫の特性をおおまかであるが比較してみたい．表 8.3 にその結果を表している．この表の見方は，横どうしの比較である．そして，各カテゴリーの量ないし質の程度では，⊚，◎，○，△の順序でその大きさを表している．こうして見ると，シロアリが最も⊚が多く，したがって社会性の発達が最もめざましいといえよう．シロアリと同じく生活型が歩行型のアリも，ハチ類に比べるとスコアが大きい．これは熱帯域において，アリ類とシロアリ類の両社会性昆虫が食う - 食われる関係で相補的な存在であること，そして，両者が熱帯の陸上生態系における動物の中で，最も影響力の強い動物であることを示唆している．

9章 適応放散と地理的分布

現在の地球の陸上においては，南北の極地，高山の氷雪地，真の砂漠，超塩湖などを除いた地帯において，動物はあまねく分布し，さまざまに適応放散している．とくに，熱帯地方においては生物の多様性が著しく大きい．

地球の大陸は地球史的に見ると，プレート運動で分かれたり，移動したり，くっついたりしている．また，場所によっては造山運動で長大な山脈を形成した．そんな大陸の動きの影響の結果として，現在の動物たちの地理的分布の基本ができあがっている．さらに，長距離移動できる動物たちは各地に拡散し，移動先の風土に適応もする．そして，島嶼に移りそこで孤立した動物たちは固有種になりやすい．

本章では，おもに新生代に大きく分化した哺乳類を例にして，それらの適応放散と地理的分布について説明しよう．

9.1 哺乳類の適応放散

地球生命史の中で，単細胞からなる細菌界，古細菌界，原生生物界などに比べ，ほとんどが多細胞生物からなる菌界，植物界とともに，動物界の登場はかなり遅く，おそらく最後である．動物は他生物が生産した有機物を摂取することで，多様な環境に適応していった．そして，地球気候の大規模な変動などの影響で幾度も大絶滅を繰り返したものの，厳しい絶滅期をくぐり抜けた子孫たちは連綿と分化し多様化していった．

脊椎動物の世界においては，あたかも白亜紀末における恐竜類の大絶滅の空白を埋めるかのようにして，新生代になって哺乳類が急速に各大陸の風土の中で多様化した．そして，恐竜類がもっていたのと同様のさまざまな生態的地位に**適応放散**した．中にはクジラ類のように海洋に広く進出し，おそらく恐竜類ではなし得なかった大規模な回遊をする哺乳類も出た．

中生代における哺乳類のほとんどは小型で，おもに昆虫や他の小動物を食物にしていたようである．それが，被子植物の多様化とともに，哺乳類も次第に多様化し，中にはゾウ，サイ，カバ，キリン，ウシ，ウマのような**大型植食者**も進化した．そして，同じ植食者でも，草食，樹葉食，種子食，果実食と食性が広がっていき，また，**肉食者（捕食性）**としての哺乳類も多様化し，生態系における**食う - 食われる関係**が進展していった．中でもネコ科，イヌ科，ハイエナ科などは知能が高く，捕食活動の巧みな**ハンター**として進化している．さらには，海にも活動舞台を広げ，アザラシ，クジラなどのように広い外洋や極地の海にまで進出する哺乳類も出現した．哺乳類は体温を一定に保つことができ，雌の体内で子どもを育て（妊娠），出生後も濃い乳で子どもを養い，皮下脂肪による断熱性の利用などをしているが，そのような生理的な革新が，極地の海にまでニッチ（生態的地位）を広げる条件となったのである．

9.2　世界の動物の分布 －動物地理区－

動物は従属栄養生物であり，他の生物が生産した有機物の摂取を必要としている．陸上生態系においての有機物生産（一次生産）は，ほとんどが緑色植物（維管束植物）による光合成でなされているので，動物は基本的に緑色植物に依存した生活をしているといえる．そのため，地球的スケールで見た場合，**動物の分布**（動物相）は**植物群系**の有り様に大きく関係している．しかし，移動力が大きかったり，肉食性であったり，また耐寒性が大きな哺乳類や鳥類などでは，植物群系とは関係なく広い領域に分布できるものがいる．たとえば，かつてトラは東南アジア熱帯からシベリアの寒帯まで広い分布域をもっていた．また，北半球から南半球まで長大な距離を季節移動する鳥類も見られる．アザラシ類やペンギン類のように極地にまで進出しているものもいる．

上記のように，植物に比べればより広く分布できる動物ではあるが，地球的なスケールで見てみると，その地理的分布が大陸の配置と密接な関係をもっている種が多い．そのことは，陸上動物の分布において基本的には地史が反映されているといえよう．現在の陸上動物の分布は過去1億8000万年ぐらい前からの大陸の移動と大きく関係していて，いわば地史を大きく引きずったものと考えられる．

数億年前の地球の陸地は今日とは大きく異なり，**パンゲア大陸**[＊9-1]としてすべてがつながっていた．それが次第に分裂，移動し，五大陸や大きな島となっていった．その過程で，それぞれの大陸で動物たちの適応放散が起こり，生物相が固有化していった．とくに分離し孤立した時期が古いオーストラリア大陸，ニュージーランド島やマダガスカル島などでは，生物相の**固有性**が大変大きい．インドはアフリカから分離し，いったん独立したが，移動してユーラシア大陸にくっつきインド半島となったので，ユーラシアからの生物の移入があって固有性は大きくはない．今日は氷が被っている南極大陸にも，中生代に恐竜などが分布していたことが化石の存在でわかっている．それらの生物は，南極，南米，アフリカ，オーストラリアの各大陸が**ゴンドワナ大陸**[＊9-2]として1つだったことをうかがわせる類似性をもっている．

このような地球的レベルでの動物相は，他と区別できる特徴ある区域，すなわち**動物地理区**としてみることができる．そのことを有名なウォーレス（1876）が集大成したが，旧北区，新北区，新熱帯区，東洋区，エチオピア区，オーストラリア区などという呼び方がそれである（図9.1）．この区分けは線でなされているものの，各地理区の間には動物相の**推移帯**が存在している．動物は移動力をもっていて多少なりとも地理区間を移動するので，明瞭な線で画すことは困難なのだ．たとえば，日本列島の南方にある南西諸島では，東洋区である台湾から北上するにしたがって次第に旧北区要素が強くなっていく．

眼を日本のはるか南方にある熱帯地帯に向けよう．図9.2にあるように，過去に繰り返しあった氷河期には海面が100 mも下降し，インドシナ半島

＊9-1 パンゲア（Pangaea）とは，すべての陸地を意味している．

＊9-2 約1億8000万年前のジュラ紀にパンゲア大陸が二分して，北にローラシア大陸，南にゴンドワナ大陸が成立した．その後，両大陸とも次第に現在あるような複数の大陸に分裂した．

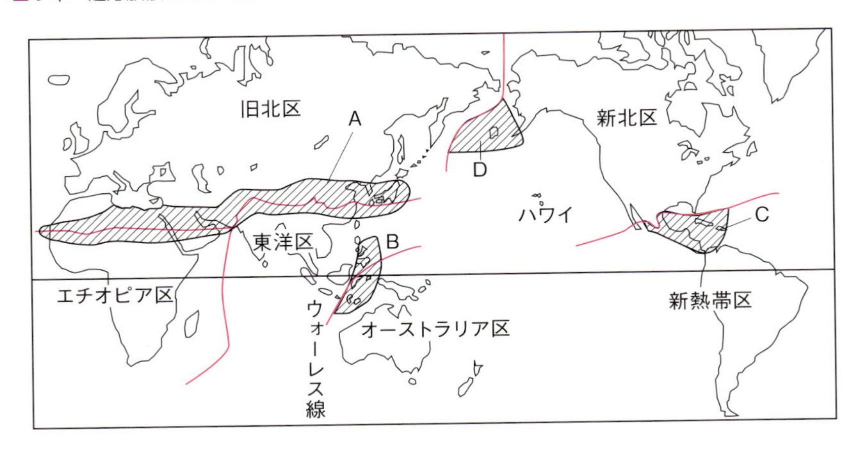

図 9.1　世界の動物地理区
A: サハラ－イラン－東洋推移帯，B: ウォレシア推移帯，C: カリブ推移帯，
D: ベーリンジア推移帯（松本，2012 より）

とスマトラ島，ボルネオ島，フィリピン諸島は陸続きで**スンダランド**（**スンダ陸棚**）を形成していた．また，オーストラリア大陸とニューギニア島は地続きであった．それは**サフルランド**（**サフル陸棚**）といわれるものである．そして，スンダランドとサフルランドの間にある，スラウェシ，ハルマヘラ，ロンボク，ティモールなどの島々は**ウォレシア**（ワラシア）といわれるところである．

両ランドはすぐ隣り合わせにあるのに，動物相が大きく異なっている．その理由は，プレート運動としての地史が大きく異なるからである．オーストラリア大陸はゴンドワナ大陸から早いうちに離れて孤立したので，独自の生物相を発達させていた．そして，数千万年かけてこのプレートが動いていき，やがてアジア大陸に大きく近づいた．しかし，同様に移動していったインド亜大陸のようにアジア大陸のプレートに完全にくっついたわけではなく，アジア大陸とオーストラリア大陸の間には海域があって，泳ぐことのできない多くの陸上生物は交流できなかった．なお，オーストラリア大陸のすぐ北部にニューギニア島が位置しているが，この大きな島とオーストラリア大陸とは，氷河期の1万年ほど前までは海水面が下がって地続きであって，本来は

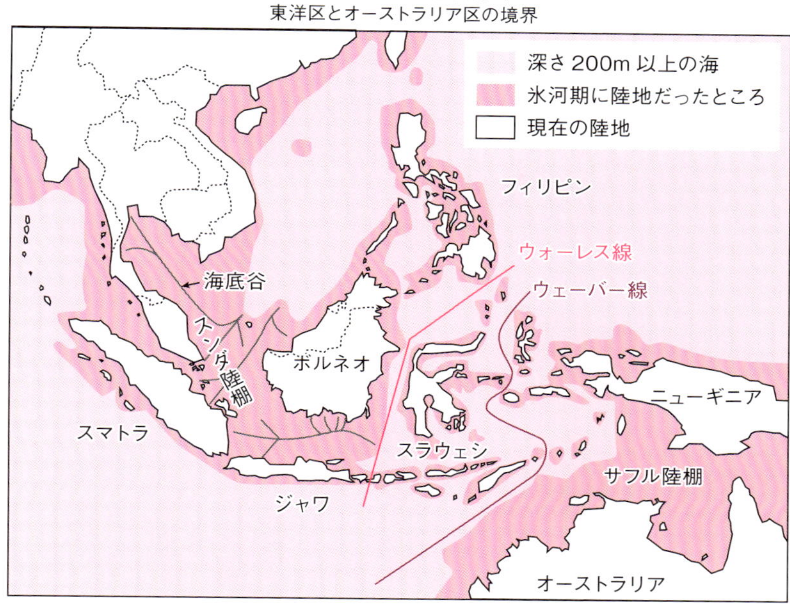

図 9.2　東洋区とオーストラリア区
（Mayr, 1994 より）

同じ1つのプレートである．そのため，その生物相はオーストラリア北部ヨーク半島付近の熱帯雨林のものとよく似ている．

この東洋区とオーストラリア区の境界に関しては，さまざまな人により境界線が提唱されたが，その代表的なものは 1863 年に唱えられた**ウォーレス線**と 1888 年に唱えられた**ウェーバー線**である．このように，東南アジアとオーストラリアとでは生物相が大きく異なるが，鳥類，昆虫類，植物などで海峡を相互に越えて植民した分類群がいる．ウォーレス線とウェーバー線が引かれた間の部分がそのような場所であり，そこは**ウォレシア推移帯**と呼ばれている．

9.3　哺乳類の系統と生物地理との関係

哺乳類は，恐竜類などが白亜紀末に絶滅した後の新生代になって，各大陸で大きく適応放散している．現生の哺乳類がどの大陸に分布しているかは，その系統分類と大きく関係していることが，最近の**分子系統**の研究からわかってきている．それによると，オーストラリア大陸を特徴づけるものは単孔類および**オーストラリア有袋類**であり，南米では**アメリカ有袋類**および**異節類**，アフリカでは**アフリカ獣類**である．なお，**北方真獣類**はユーラシア大陸とアジア大陸にまたがって，あるいは南北アメリカ大陸にまで分布している系統があるが，それらの動物たちは広く移動し適応していく能力が大きかったことを意味している．かつて形態のみに基づいて系統分類をしていた時代と比べると，分子系統を加味することにより，生物地理学的な分布状況との整合性がよくなっている（表9.1）．

たとえば，古くはアルマジロとセンザンコウは，丈夫な歯が発達していない，全身が鱗に覆われているとして同じ貧歯目に入れられていたことがあったが，現在は，アルマジロは異節類の被甲目であり，センザンコウはローラシア獣類の有鱗目とかなり異なった系統であることがわかっていて，分布も被甲目は南米・北米，有鱗目はアフリカ・アジアであり異なっている．

かつて北米大陸と南米大陸はつながっていなかったが，おそらく300万年前の鮮新世以降はパナマ地峡でつながった．それとともに両大陸の交互で動物の移入が起こったが，これを**南北アメリカ大陸大交換**という．図9.3に見られるように，北米から南米に移入した動物の方が，南米から北米に移入した動物よりも多い．北米大陸の動物たちはアジア大陸とも交流していた．

アジア大陸と北米大陸でのこのような交換は，北米と南米間よりもずっと古くベーリンジアを経由して生じた．たとえば，ウマ類とラクダ類は北米からアジアへ，バク類，ゾウ類，サル類はアジアから北米へ移入したものと思われる．さらに古い時代にアフリカ大陸はユーラシア大陸と衝突したが，ウシ科動物はユーラシアからアフリカへ，ゾウの祖先はアフリカからユーラシアへ移入したと思われている．これらの例でわかるように，すべてではない

表 9.1 哺乳類の系統分類と，南極大陸を除いた分布している大陸との関係

系統分類的な位置（高次レベル）		目，科レベル	自然分布している大陸（+大きな島）
原獣類	単孔類	カモノハシ科	オーストラリア
		ハリモグラ科	オーストラリア（ニューギニア）
後獣類	アメリカ有袋類	オポッサム目	南米・北米
		ケノレステス目	南米
	オーストラリア有袋類	ミクロビオテリウム目	オーストラリア
		フクロネコ目	オーストラリア
		バンディクート目	オーストラリア
		カンガルー目	オーストラリア（ニューギニア）
		フクロモグラ目	オーストラリア
真獣類	アフリカ獣類	ハネジネズミ目	アフリカ
		アフリカトガリネズミ目	アフリカ（マダガスカル）
		ツチブタ目	アフリカ
		近蹄類（ゾウ目，イワダヌキ目，ジュゴン目）	アフリカ，アジア
	異節類	アルマジロ目（被甲目）	南米・北米
		有毛目（ナマケモノ，アリクイ）	南米
	北方真獣類（真主齧類）	ツパイ目	アジア
		ヒヨケザル目	アジア
		サル目（霊長目）	アフリカ（マダガスカル）・アジア・南米
		ウサギ目	アフリカ・ユーラシア・南米・北米
		ネズミ目	全大陸
	北方真獣類（ローラシア獣類）	ハリネズミ目	ユーラシア・アフリカ
		トガリネズミ目	ユーラシア・北米
		鯨偶蹄目（クジラ，カバ，ウシ，シカ，ヒツジなど）	全大陸
		ネコ目（食肉目）	アフリカ（マダガスカル）・アジア・南米
		センザンコウ目（有鱗目）	アフリカ・アジア
		ウマ目（奇蹄目）	アフリカ・アジア
		コウモリ目（翼手目）	全大陸

（長谷川，2011 をもとに作成）

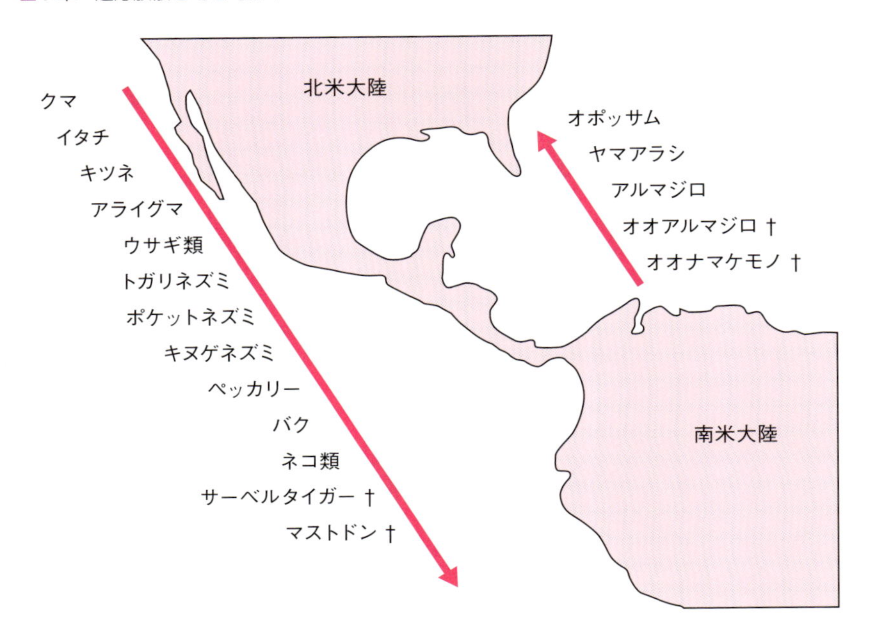

図 9.3　南北アメリカ大陸間における動物の大交換
†印は絶滅種（Cox *et al.*, 2005 より作成）

が，動物たちは実にダイナミックな分布拡大をしたといえよう．

9.4　熱帯の生物多様性

変温動物の昆虫類では，同一系統群における種多様性を調べたとき，多くの系統で高緯度の寒帯から低緯度の熱帯に向かうにしたがって種数が増えていく．たとえば，アゲハチョウ科で見てみよう．このチョウ類はアラスカやシベリアなどの相当の高緯度地方でも生息しているが，緯度の低下とともに急速に種数が増えていき，赤道付近の真正熱帯がもっとも種数が多い（図 9.4）．

南アメリカ，アフリカ，東南アジアと熱帯域の 3 か所を比べると，東南アジアで最も種類が多いのは，島嶼が多いので地理的に隔離されて種分化が進んだことが大きな理由である．

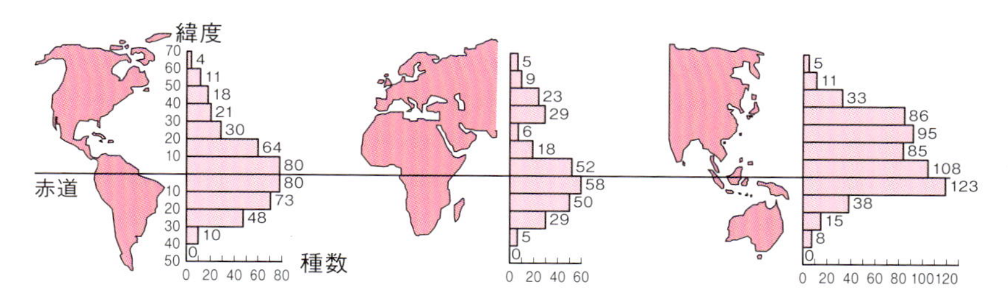

図 9.4　世界のアゲハチョウ科の分布
赤道付近で種数が最も大きい（松本，2012；Collins & Morris, 1985 より）

社会性昆虫のアリ類とシロアリ類においては，上記のような分布傾向はもっと強く出ている．そして熱帯において，両者はいわば“陸の王者”といえるほど大繁栄している．たとえば，アマゾン上流域の熱帯雨林における調査例では，1 本のマメ科の樹木において 26 属 43 種のアリ類が採集された例が知られているが，この種数はなんとイギリス全土のアリ類の種数と同じである．おそらく，このペルーの熱帯雨林には 1000 種は優に越えるアリ類が生息している．シロアリ類はアリ類に比べると種数は多くはないが，種類によって特徴的なさまざまな形態の巣を強固に構築し，おもに植物枯死体の分解者として熱帯域で大活躍している（図 7.2 参照）．アリ類の多くがシロアリ類の捕食者なので，アリ類とシロアリ類の関係は，捕食者 - 被食者（食うもの - 食われるもの）の関係ということができる．両社会性昆虫が熱帯において拮抗して活躍しているのは興味深い．なお，熱帯雨林においては，昆虫類全体をみわたすと，まだ分類学的な記載があまり進んでいない系統が多い．その理由は，あまりに種数が多すぎて容易に整理がつかず，また現地の国々に分類学者が非常に少ないからである．

恒温性の動物である哺乳類でも，熱帯において生活様式が多様化し種数が多い．たとえば，アジアの熱帯雨林にはネズミやリスなどの齧歯類，トラやヤマネコなどのネコ類，サル類，あるいはアジアゾウ，バク，ジャコウネコ，ツパイ，ヒヨケザルなど固有の哺乳類が多数生息している（図 3.10 を参照のこと).

熱帯においては，降雨量が多い地域では熱帯雨林が，少ない地域では草本と灌木からなるサバンナが分布している．そのサバンナにおいても，温帯や寒帯などに比べてずっと多くのさまざまな植食性と肉食性の哺乳類が生息している．たとえば，アフリカのサバンナではヌー，カモシカ類，ゾウ，キリン，サイなど大型植食動物が多数いる．また，ライオン，チーター，ヒョウ，ハイエナなどの肉食性の大型哺乳類がいる．

コラム 9.1
熱帯雨林での生物種の多様性

地球上の種々の植物群系を比べると，熱帯雨林が最も多くの動物種数を抱えている．熱帯雨林においてはとくに小型の昆虫類の種数が著しく多い．では，熱帯雨林には生態系の基礎生産者である緑色植物はどれくらいの種数が分布しているのだろうか．今までに熱帯雨林には約18万種の植物が知られている．東南アジア，アフリカのコンゴ盆地，南米のアマゾン河流域と，共通する種類はほとんどない．地球全体でわかっている緑色植物の全種数は約27万種だから，そのうち熱帯雨林になんと約70%もが生育していることになる．熱帯雨林地帯は全陸上面積のせいぜい10%程度しかないから，そこにおける種の多様性は驚異的なものといえよう．

熱帯雨林には，林冠部を形成する高木樹種以外に低木の樹種も多い．また，着生植物，ツル植物などが非常に多く，これらの植物は太陽光が十分に届く樹木の高い部分にくっついた生活をすることで生産力を確保している．このように，熱帯雨林における緑色植物の種多様性が，動物の多様性を支える基盤となっている．

ここで，霊長類（サル類）のことを考えてみよう．日本には本来の野生の霊長類としてはニホンザル1種しかいないが，世界全体では約220種もいて，そのほとんどは熱帯に分布している．アフリカの熱帯雨林では約50種，東南アジアの半島部では25種ほどがいる．マダガスカルの熱帯林は面積が小さいが，50種あまりの曲鼻猿類がいて，世界的に特異的な場所といえる．こうして見ると，ニホンザルというものは，熱帯を分布の本拠地としているサル類の中の1種が，亜寒帯にまで北上した例外的なサルということがわかる．

9.5　動物におけるギルド

その動物がどのような**食性**か，どのような方法で摂食するかによってカテゴリー分けすることができるが，それを生態学では**ギルド**といっている．ギルドとは本来，中世ヨーロッパにおける同業組合をさす言葉であり，それを動物の生活様式のカテゴリー分けに借用したのである（4.3節を参照）．

熱帯における哺乳類のギルドは，温帯や寒帯に比べるとさまざまな食物資源を求めてずっと多様である．たとえば，サル類とネコ類のどちらも熱帯色の濃い哺乳類であるが，サル類は樹上の果実食者，樹葉食者，小型動物食者などとして，ネコ類は肉食者としてギルドをカテゴリー分けできる（図9.5）．

主に樹冠部に生息している霊長類では，体の小さな種類は昆虫食がほとんどで，大型の種類は樹葉や果実食である．このようにギルドが体の大きさではっきりと異なっているのは，消化器官の機能との関係と思われる．体が小さいサルたちは高エネルギーかつ高タンパク質である昆虫類が餌であるが，それらは消化効率がよいので消化管は短くてすむ．ところが，繊維質の多い樹葉であると消化効率が悪いので，消化管を長く大きくする必要がある．それは，消化共生を行っている微生物をすまわせる関係からであり，そのことから体全体も大きい必要があると思われる．

同様のことを鳥類のギルドを例にして見てみよう．ほとんどの鳥類は空を飛べるため，鳥類群集全体を見渡した場合，食性の範囲は大きい．ただし，その飛翔性ゆえに，消化管の中に長時間にわたって食物をとどめておくわけ

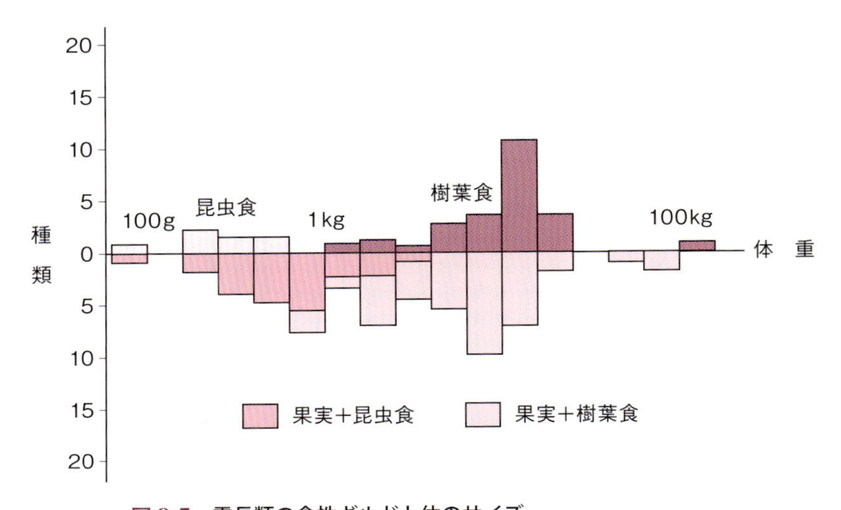

図 9.5　霊長類の食性ギルドと体のサイズ
体の小さなサルは昆虫食，大きなサルは樹葉食の傾向が強い（松本，2012；Terborgh, 1992 より）．

にはいかない．そこで，小型の鳥類は昆虫，種子，果実，花蜜などの，高タンパク質と高エネルギー源の食物を取る傾向が強い．植物の葉を食べる鳥類は少なく，おそらく地上歩行性の鳥類の一部のみであろう．植物の葉は繊維質が多く消化効率が悪いので，飛翔性の鳥類には向かないのである．また，猛禽類のように他の脊椎動物やその腐肉をとるものもいて，それらの餌もやはりタンパク質に富んでいて栄養価が高いが，餌が比較的大きく存在密度が小さいので，広い範囲を探さなければならず，それだけ体が大きい必要がある．このように，動物の体の大きさは餌の質と量とに大きく関係している．

オーストラリアの熱帯雨林と温帯雨林とで鳥類のギルドを比べた研究がある．熱帯雨林の鳥類群集では温帯林の群集に比べてギルド数が5割ほど多く，また全体の種数は5倍も多い．熱帯雨林の鳥類群集では1つのギルドに温帯よりずっと多くの種が入っているのである（図 9.6）．

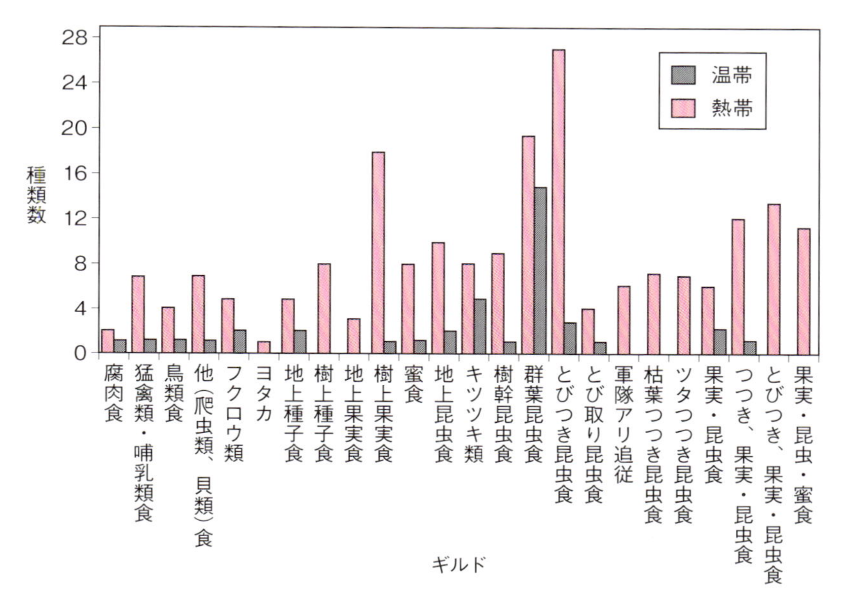

図 9.6　オーストラリアの熱帯雨林と温帯雨林の鳥類ギルドの比較
熱帯雨林の方が温帯雨林よりも鳥類ギルド数は約 2 倍であり，種数では 5 倍も多くの鳥類が生息している（松本, 2012；Kikkawa, 1990 より作成）.

9.6　島嶼など隔離された場所での生物群集

今，**島嶼**（とうしょ）**生物**のことを考えた場合，一般に大きい島には小さな島よりも多くの生物がすむが，これを**面積効果**という．もちろん，この比較はそれぞれの島が似たような気候条件の下にあることが前提である．地理的に離れた熱帯，温帯，寒帯の島などを混ぜこぜに比較した場合では，この関係は成り立たない．

小さな島では，大きな島や大陸に比べると，生物種は絶滅しやすい．それは環境のキャパシティー（環境収容力）が小さいからである．しかし，もし大陸から島への生物種の**移入率**が大きければ，次第に種数は増加する．生物種の移入率と，**絶滅率**とが同じなら，その島での生物群集の種数は平衡状態にあるといえ，それを**平衡種数**という．また，**海洋島**（大陸から遠く離れた島）には生物は移住しづらいので，**大陸島**（かつて大陸とつながっていた島）と比べて種数がずっと少ない傾向にあるが，このことを**距離効果**という．

陸上においても，海洋の島嶼と似ていて周囲との隔離性が高い場所（無機環境の孤立性が大きい場所）としては，洞窟，河畔林，潮溜まり，小樹林，小湖沼，山頂などいろいろとある．そのような場所は**擬似的な島嶼**といってもよい．それらに特異的に生息する生物群集にも，上述したようなことががあてはまる．

動物は生息環境が何らかの理由でいくつにも**分断化**し（それぞれの生息地が孤立する），またそこでの個体数が小さいほどその個体群は絶滅しやすくなる．なぜ，そのような小さな個体群は絶滅しやすいのだろうか．小個体群においては性比の不均衡，近親交配による近交弱性，遺伝的浮動などが起こりやすく，結果として遺伝的な劣化をよびやすいので，それが原因となって増殖率が大きく低下するからである（この小集団化した生物の絶滅に関してはコラム 10.1 を参照のこと）．

個体数を減少させる要因には，以下に述べる決定論的要因と確率論的要因がある．

決定論的要因としては，狩猟や罠かけ，生息環境の破壊，外来種による加害などがあげられる．これらの多くは人為的なもので，小集団の動物に大きな被害を与えやすい．また，動物群集は植生状態に強く依存しているので，もし，人間が植生を奪い，あるいはその状態を大規模に改変すれば，動物は壊滅的な影響を受けてしまう．

確率論的要因には，大雪，台風，干ばつ，落雷による森林火災，伝染病，寄生虫の感染などがあげられる．これらは偶発的に起こり，その程度が大きいと小集団に壊滅的な被害を与える．

9.7　オーストラリアにおける有袋類の適応放散

オーストラリアにおける在来の哺乳類相は，他の大陸と比べると大変異なっていて，**有袋類**が主体となっている．カンガルー，ウォンバット，バンディクートなど約 150 種も生息している．また，唯一の卵生哺乳類である**単**

孔類（カモノハシとフクロハリモグラ）も生息している．この単孔類の化石はジュラ紀の初期地層から，また有袋類は白亜紀初期から出ているので，**真獣類**（有胎盤類）とは，1億年以上も前にたもとを分かった哺乳類たちである．現在のオーストラリアには，真獣類としては，ネズミ類とディンゴ（原住民アボリジニの祖先が数万年前に北方から運んだイヌの子孫である），およびこの300年以内に人々によってもち込まれた動物以外はいない．

前出のように，有袋類は真獣類とは1億年も前に分岐しているが，いろいろなニッチに分化していて，興味深いことに，それぞれが他の大陸にいる同じようなニッチにいる真獣類の外見とよく似ている種が多い．進化の**収斂現象**である．フクロキツネ，フクロネコ，フクロモグラなどと，それとわかる和名がついている種がいる（図9.7）．オーストラリアには，約5万年前まで

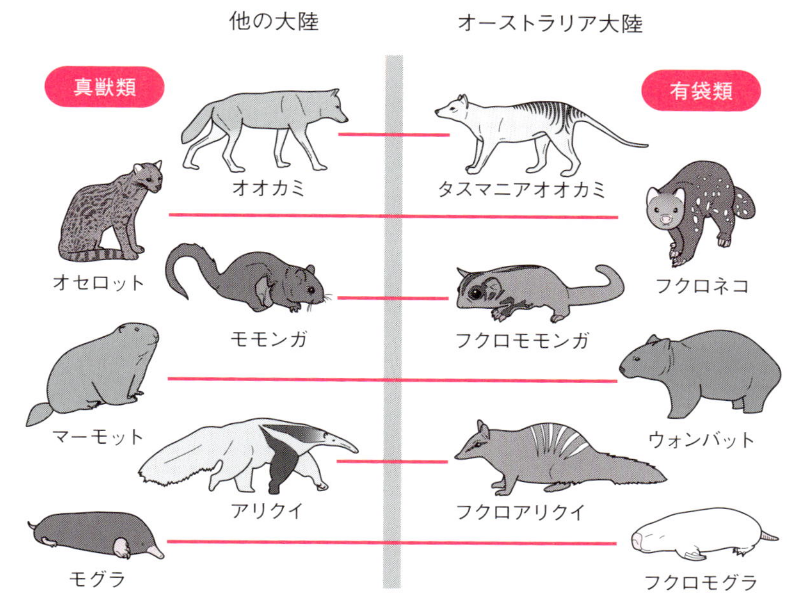

図9.7　オーストラリア大陸における有袋類と，他の大陸における真獣類の進化の収斂現象
オーストラリア大陸には，系統的に大きく離れているが他の大陸の真獣類と形態と生態がよく似ている有袋類が生息している．

は大型肉食者として“フクロライオン”が，そして1930年代まではオオカミそっくりの“フクロオオカミ”などまでいたのである．

このようなことは，進化学的に大変興味深い．脊椎動物の進化は，何を食べるか，敵からどのように逃げるか，どこに棲むかといった生活の基本が，形態や行動に強く反映していくのであろう．結果として哺乳類の中の有袋類と真獣類という両二大系統間で形態や性質における類似性が多様に現れたのは，その背後に生きていく上での厳しい競争よる**自然選択**が働いたからと思われる．どの生物もさまざまな他種からの影響のもとで進化していくのだが，そのことが有袋類と真獣類においていろいろなニッチ（生態的地位）分化を引き起こし，類似したニッチに対応し，似たような形態や性質への**収斂現象**が起こったと考えられる．この両系統が混じり合った場合は，同じニッチにある種どうしは激しい競争にさらされ，どちらかしか残れない．実際，オーストラリアに人間が種々の真獣類を移入させた後は，有袋類の方に多くの絶滅種が生じた．たとえば，オーストラリア先住民がアジアから連れて行ったイヌの子孫であるディンゴが，オーストラリアの大陸部にいたフクロオオカミのニッチを奪い絶滅させたと考えられている．

9.8　マダガスカルにおける動物の適応放散

日本列島の1.6倍の面積であるマダガスカル島は，アフリカ大陸の南東側の南緯12度～25度の亜熱帯に位置している．全体が楯状台地で，標高2000～2900 mの山脈が島の東寄り中央を南北に連なっている．山脈といっても日本アルプスのような鋭い峰々があるのではなく，そこから沿岸に向かってゆるやかな傾斜をなしている．南東からやってくる貿易風が卓越する関係で，全体として島の東斜面に雨量が多く熱帯雨林が見られ，その反対に西側は乾燥気味で，乾性林とサバンナが大きく広がっている．また．島の南部は雨量が極端に少なく半砂漠地帯となっている．

この島はジュラ紀（約2億年前～1億5000万年前）までゴンドワナ大陸の一部であったが．ジュラ紀の後期にインド亜大陸とともにアフリカ大陸から分離した．そして白亜紀（約1億5000万年前～6500万年前）の後期になると，インド亜大陸の方はマダガスカル島から離れて北上していった．以後，マダガスカル島は大陸とは数百キロの距離ながらもずっと孤立していた．そのような地史の関係で，世界でも有数の固有率の高い生物相となった．たとえば植物の種数は14000～15000種であるが，その固有率は83％にも達している．

マダガスカル島の動物相も他所と比べて固有性が強い．中でも霊長類の**曲鼻猿類**（キツネザル類などで，以前は原猿類とよばれていた）が多様化し，人類が侵入するまでは97種もいたらしい．現在の霊長類の種数は，国レベルで見ると，同じ熱帯のブラジルでは114種，インドネシアで44種，コンゴ共和国34種だから，それらよりずっと面積の小さいマダガスカルにおいて，いかに大きく多様化したかがわかる．しかし，出土する半化石からの推定によると，17種が500年ほど前までに絶滅してしまった．中でも大型のメガラダピス属では，体重が85～145 kgもあり，それは雌ゴリラほどの大きさであった．その生態的地位はオーストラリアにおける樹上性のコアラのようなもので，人間による狩猟や野火の影響を受けて絶滅したと思われる．他に，中南米におけるナマケモノのような樹木にぶら下がる生活型の種もいたらしい．1993年に発見されたネズミキツネザルは世界一小さなサルで，体重がわずか43～55 g，体長が12～13 cmしかなく，霊長類としては珍しく乾季に休眠する．休眠時には太い尾に貯えた脂肪などを代謝に使っていることも特異的である．

他の哺乳類では，アフリカトゲネズミ類がアフリカ大陸よりもかなりの程度 多様化している．また，マングース類も多様化していて**マダガスカルマングース科**のフォッサは体長が65～90 cmほどの大きさがあり，ネコ科のような姿をし，捕食者として収斂している．

鳥類でも固有種が大変多く，中でもカッコウ類とオオハシモズ類が大きく多様化している．走鳥類の**エピオルニス**が絶滅しているが，その体型はダチョウに似ていて，頭高が3.5 m，体重が500 kgにも達する超大型の鳥類であった．翼が退化して無く，3本の指のある太い足なので（象鳥という名もつけられている），ゆっくりと歩行していたらしい．卵は巨大で，長径30 cm,

コラム 9.2

飛べない鳥類の進化

3 章で述べたように鳥類は恐竜を祖先とし，空中を飛翔する能力をもつことで生態系の中に大きな地位を占めた．大陸や大型の島嶼においては，鳥類で飛べない種はダチョウ（アフリカ），エミュー（オーストラリア），レア（南米），ヒクイドリ（ニューギニア）などの走鳥類*のみで，現在いるものは，大型で相手を威圧する能力をもちかつ逃げ足が速いものばかりである．また，南極大陸の周辺部および周南極域の島嶼に生息しているペンギン類は，空を飛ぶ代わりに海洋のプランクトンや小型魚類をとるために水中遊泳に特化した．ところが，世界の島嶼においては飛べない鳥たちがかつて多くいた．しかし，それらの多くが絶滅し，現在生き残っている種で絶滅危惧種であるものが多い．以下は世界各地における飛べない鳥類の例で，括弧内はその生息地である．多くは島嶼にすんでいるが，大陸の種類でも湖など孤立した場所にすんでいる．

レイサンクイナ（レイサン島），チャイロコガモ（ニュージーランド），フクロウオウム（ニュージーランド），タカヘ（ニュージーランド），シロボシオグロバン（タスマニア），トリスタンバン（南太平洋），カグー（ニューカレドニア），マミジロクイナ（硫黄列島），ヤンバルクイナ（沖縄），コバネカイツブリ（ペルー），グアテマラカイツブリ（グアテマラ），ガラパゴスコバネウ（エクアドル），フナガモ（フォークランド諸島）

そもそも，鳥類の飛翔能力は，外敵から身を守る，採餌する，繁殖のために相手を見つける，季節変化に応じて生息適地に渡る，などの手段として大変有用である．飛翔能力の進化したコウモリ類の種数が

＊　走鳥類はニュージーランドにモア類が 10 種ぐらい，マダガスカル島にエピオルニス類が数種いたが，いずれも人類が滅ぼしてしまった．

哺乳類の中で最も多く，いわば成功した部類であるのも同様の理由からであろう．しかし，コウモリの場合は鳥類との厳しい競合で日中よりも夜間に活動するようになった．

現在，飛べない鳥たちが一番多いのはニュージーランドであり，人間が滅ぼした種を含めて約 40 種はいる．ニュージーランドは 1 億年前にゴンドワナ大陸から分離したため，地上性の捕食動物，とくに鳥類にとって天敵となる捕食獣類とヘビ類が生息していない特異な島であった．そのため大陸などから移動してきた鳥たちにとっては天敵のいない天国だったのだ．世界中の飛べない鳥たちは，とにかく飛ぶ必要がなくなり羽が退化したと考えられる．それがあだになって，これら飛べない鳥たちの多くが人間の影響で絶滅したか，絶滅の危機に瀕しているのは悲劇と言えよう．そのことに関しては，クイナ類を例にしてコラム 10.2 で述べる．

容積にして 8 リットルもあり，鳥類で世界最大であった．マダガスカル島に約 2000 年ほど前にマレー系の人々が侵入して以来，エピオルニス類は卵と肉を得るために乱獲され, 17 世紀の後半に絶滅している．完全な骨格標本は，パリの博物館に 1 体のみしかないが，骨の化石や半化石そして卵の殻が多数発見されていて，それらは人間が殺したものが多い．これらの動物は，オーストラリア大陸と同様に，ネコ科やイヌ科，ハイエナ科などの強力な捕食獣がいなかったマダガスカルで独自の進化をとげた．食肉目のマダガスカルマングース科はいたものの，狩猟にたけた捕食者がいなかったのである．

9.9　日本列島の動物相

日本列島は南北に長く位置し，南から亜熱帯，暖帯，温帯，亜寒帯といったさまざまな気候帯を含んでいる．そのため，たとえば哺乳類の種類相だけをとりあげても，北海道と本州・四国・九州とで，そして琉球列島とでは異なっている．北海道にはヒグマ，シマリス，エゾジカなどがいるが，本州・四国・九州にいるツキノワグマ，ニホンザル，ホンドジカ，ホンドリスなどはいない．そこで，北海道と本州の間にある津軽海峡に分布境界線として**ブラキストン線**が提唱されている．なお，明治時代まで北海道にエゾオオカミが，本州・四国・九州にはニホンオオカミがいたが，ともに絶滅している．

南を見ると，南西列島には九州以北にはみられないヘビ，カエル，カメ，鳥類などの多数の脊椎動物が分布している．哺乳類は種数が少ないが，ケナガネズミ，トゲネズミ，アマミノクロウサギ，イリオモテヤマネコなどは固有種でいずれもが絶滅危惧種ないし危急種であり（表 10.1 を参照），保護策が必要である．これらは東南アジアや南中国に近縁の種がいる．九州と南西列島の間には分布境界線としての**渡瀬線**などが提唱されている．なお，南西諸島の生物相の全体像は，より南に位置する台湾から東南アジアにかけての東洋区のものに近いが，旧北区系の生物相も重なっている．南西諸島は全体として東洋区と旧北区の推移帯なのである．さまざまな分類群ごとの生物相の違いから，いくつかの分布境界線が提唱されているが，渡瀬線の場合は，屋久島・トカラ列島と奄美大島の間にあるトカラ海峡に引かれている．

10章 人間と動物の関係

人間は紛うことなき動物の１種であり，人間がいくら文明を発達させたとしても，動物としての本性をもち続けている．本章では，まず人間の生物系統学的な位置を説明する．そして，人間の動物としての本性を垣間見ることにする．また，人間がその分布域と個体数を増やすにつれて，他の動物たちを大きく圧迫していることを見る．

10.1 動物界における人間（ヒト）の生物系統学的な位置

生物学において，人間の学名は *Homo sapiens* であり，和名としては**ヒト**が使われている．分類学的な段階としては，上位から**動物界**（Animalia）－**脊椎動物門**（Vertebrata）－**哺乳綱**（Mammalia）－**霊長目**（Primates）の中に位置している．

霊長目は，いわゆるサル類のことであり，それらは現在，約 220 種が知られているが，人間はその中での**ヒト科**（Hominidae）－**ヒト属**（*Homo*）－**ヒト**（*sapiens*）という１つの**種**である．

現生のヒト科には，**チンパンジー**，**ボノボ**，**ゴリラ**，**オランウータン**などの**大型類人猿**が含まれ，その中でチンパンジーが分子系統学的にヒトに一番近い（図 10.1）．類人猿は，腕（前足）による懸垂力が強く，また，後ろ足の指で枝や幹をつかむことができるので，体重が大きくても樹上に登れる．地上に降りることはあるものの，食物を得る場所は基本的には樹上であり，果実，種子，葉，芽などを主食としている（ゴリラの場合，ヒガシゴリラではなく，ニシゴリラ）．

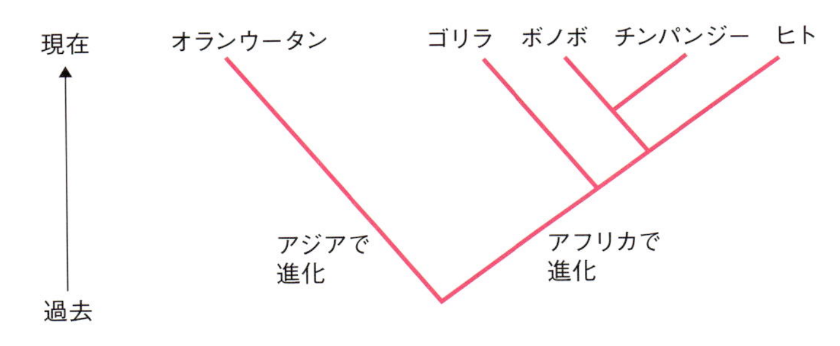

図 10.1　大型類人猿の系統関係
オランウータン以外はアフリカ熱帯で進化した．

10.2　祖先人類を取り巻く天敵たち

ヒトを含めた霊長類を捕食する動物は多くいるが，ヒトが進化した舞台であるアフリカ大陸では，下記のような実に様々な捕食動物たちが霊長類に立ちはだかっていただろう．とくに幼い子どもは，親の保護がなければ，たちまちのうちに捕食されてしまっただろう．

哺乳類（ライオン，ヒョウ，アフリカヤマネコ，サーバル，チーター，ジャッカル，ハイエナ類，イヌ類）

爬虫類（ワニ類，大トカゲ類，ニシキヘビ類）

猛禽(きん)類（ワシ，ハゲタカ類）

なお，アフリカ大陸では，ゾウ，サイ，カバ，キリン，ヤギュウなど大型植食者がいるが，いずれの動物も親子のきずなは強い．また，小型の植食者の場合は逃げ足がとても速いか，地中に隠れるが，それだけ捕食圧が大きいことを意味している．

多数いる捕食者の中でも，**ネコ科の動物**は大変狩猟に巧みで，自分よりも大きな獲物も狩ることができるほどである．彼らは**良い視覚**と**鋭い聴覚**，**スピード走行**に適した骨格，獲物を捕らえるのに有利な**爪**，肉を切り裂くのに**特殊化した歯**，隠れるのに有利な**毛の模様**などをもち合わせている．これらの性質はまさしく植食者を獲物にするために適している．

捕食動物が獲物に対処する行動は，おおむね下記のような連鎖となっている．

餌動物を発見する→識別する→接近する→追いかける→抑えこむ→殺す→食らいつく

このような捕食者が簡単に近づけない高い樹上で，霊長類の多くの種は生活をしている．そして，ヤマネコのような樹上の高いところに登れるものが来ても，すばやい逃避行動をとることができる．手指で枝を把握する力があり，枝から枝へと移動できる．地上性の霊長類は少ないが，**群れ生活**をすることで大型捕食者に対処している．たとえば，もし捕食者が近づいてくるのを一員の誰かが知ると，素早く警戒声を発して仲間に危険を伝え，群れ全体が逃避する．ヒヒ類の場合は，**鋭い犬歯**をもっていて，群れの中の大型雄が敵に対処する例が知られている．頭脳が発達し知能が高い類人猿も，群れ生活が普通である．しかし，いろいろな捕食者によってその餌食となっている場面が実際に観察されているので，警戒を怠ると霊長類にとって地上はかなり危険な所といえる．

ヒトの場合，二本足での逃走スピードは大きくはなく，生殖のスピードも大変のろい．ウサギのように素早く逃げ，子どもを多産するのとは大違いである．そんなヒトの祖先が，いったいどのようにして大型捕食者からの厳しい捕食圧に対処することができたのであろうか？

まず，家族を単位とした**群れ生活**が大事であったろう．とくにひ弱い子どもを庇護するのに，群れ生活は大きなメリットがあったろう．頭脳の発達によって，声で危険を群れ仲間に知らせることが巧みになり，棒や石のような**道具**を使って敵に対処できるようになった．現生の類人猿のチンパンジーでも，道具を使ってヒョウを攻撃する場面が観察されている．なお，ヒトが広い景色を好むのは，見通しの良いところにすむことが，捕食者に対する戦略の１つとの説がある．

一般に霊長類の個体が捕食者へ対処する行動は下記のようなものであるが，どの行動をとるかは，群れの中での位置によって異なっている．

敵を目視する，警告発声をする，じっと隠れる，静かに逃げる，素早く逃げる，敵を威嚇する，防御的な攻撃をする

なお，ヒトにおいては，言語による会話が発達したことによって，複雑な概念を共有することができるようになった．高度な会話ができるには，大脳の機能が発達する必要がある．また，立つ姿勢をとったので頭骨の基部の傾きが変化し，発声器官である声帯を納める咽頭の位置が変わった．人類の祖先がいつ頃から言語を用いて会話をするようになったかについてはよくわからないが，頭蓋骨の化石で約500万年前頃から大脳が次第に大きくなったことがわかっているので，それは会話の使用と関係しているのだろう．

10.3　ヒトの影響による野生動物の絶滅

ヒトは古くから世界的な規模で生物相に大きな影響を与えてきた．そして，各地で多くの動物を絶滅させ，また，近代になって絶滅に拍車がかかっている．ヒトはアフリカから世界各地へ分散していったのだが，狩猟道具の使用や火による植生改変などで，ヒトの野生動物に対する影響は大きなものだったと考えられている．

大型哺乳類および大型の非飛翔性鳥類に関する化石から，それらのどのような種がいつ頃に絶滅したかが推察されている．それによると，過去10万年以降の人類の生息地の拡大と，これらの動物の絶滅とが時期的に一致している．オーストラリア大陸の先住民であるアボリジニの祖先は約4万年前にニューギニアから移り住んだが，以後，8割もの有袋類が絶滅している．北米大陸には約1万2000年前にベーリング海峡を越えてモンゴロイドが侵入し，以後，急速に拡散して行き約千年間で南米大陸の端まで達したと考えられているが，それと時期を同じくして，やはり8割もの大型脊椎動物が絶滅している．ヒトの文明がより発達した以後，マダガスカル島にはマレー系の人が2000年ほど前，ニュージーランド島にはポリネシア系の人が1000年ほど前に移住しているが，それとともに，それぞれの島にいた大型の走鳥類であるエピオルニス類とモア類のすべての種が絶滅している．

図10.2は，大型哺乳類と大型の非飛翔性鳥類が過去10万年以降にどれくらい絶滅したかを，それらの属数で表している．表にある5つの大陸を比較すると，アフリカ大陸では絶滅割合は14％と5つの大陸で最も小さいが，

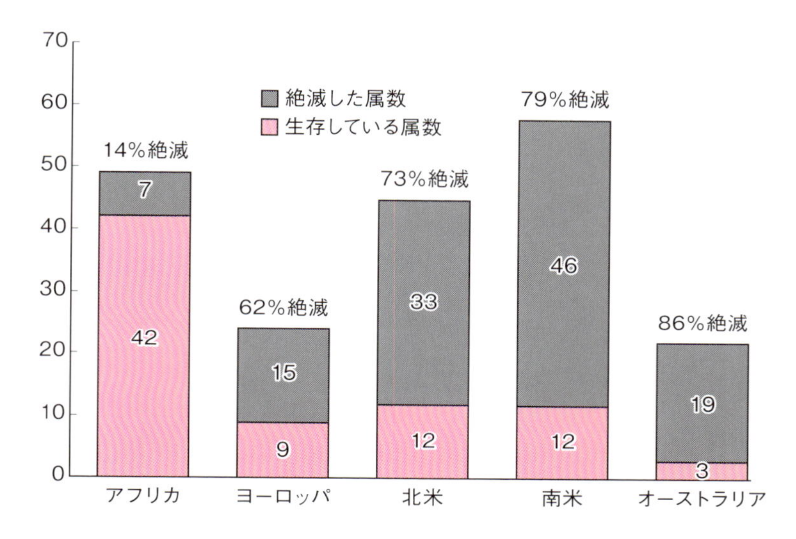

図 10.2　各大陸における大型動物の絶滅割合
（松本 , 2012；Martin, 1984 より作成）

ここは人類の誕生の地であり，多くの動物が人類の進化と共に生き延びる術を得ていたからであろう．ところが，南米大陸では絶滅の割合が 79％と非常に大きく，オーストラリア大陸では 86％にもなっている．これは狩猟技術に長（た）け，植生に火をかける人類が侵入して，これらの動物に対して一気に圧迫をかけたからと考えられている．

なお，昆虫などの小型生物の絶滅については，化石や骨などがほとんど残っていないのでまったくと言ってよいほどわからない．また，歴史時代になっても，どのような生物がいたかの記録文書やそのものの標本がなければまったくわからない．自然誌としての記録が多いこの 300 年以内で，世界の各地から実に多くの生物が姿を消していることがわかっていて，その勢いは今日もまったく減少していない．

日本においては，近代でどのような脊椎動物が絶滅しただろうか？　すでに絶滅してしまった脊椎動物には以下のようなものがいる．なお，括弧内は記録があった最後の年である．

オガサワラガビチョウ（1828年），オガサワラマシコ（1828年），オガサワラカラスバト（1889年），エゾオオカミ（1900年），ニホンオオカミ（1905年），ムコジマメグロ（1930年），リュウキュウカラスバト（1936年），コウノトリ（1986年），トキ（2003年），ニホンカワウソ（1979年らしい．2012年絶滅認定）

上記の絶滅例のように，小さな島嶼に固有の種が絶滅の危機に瀕し易い．表10.1では，南西諸島における多数の絶滅危惧種と危急種の例である．どの種もかなりのところ個体数を減じているので，なんらかの保護策を継続しないとその存続はあやうい．島嶼における固有種が絶滅し易い理由に関してはコラム10.1で述べる．絶滅の原因はいずれも人為の影響が大きいが，それらに関しては次節で説明する．

表10.1　南西諸島における固有動物の絶滅危惧種と危急種の例

和　名	産地と固有性	ランク	指　定
哺乳類			
ワタセジネズミ	琉球（固亜）	危急種	
オキナワトゲネズミ	山（固亜）	危急種	国天然記念物
ケナガネズミ	奄・徳・山（固）	危急種	国天然記念物
鳥類			
ヤンバルクイナ	山（固）	絶滅危惧種	国天然記念物
アマミヤマシギ	奄・徳・沖本（固亜）	絶滅危惧種	県天然記念物
ノグチゲラ	山（固）	絶滅危惧種	国特別天然記念物
ホントウアカヒゲ	沖本（固亜）	危急種	国天然記念物
カラスバト	日本南部（固亜）	危急種	国天然記念物
爬虫類・両生類			
リュウキュウヤマガメ	沖本（固）	危急種	国天然記念物
イボイモリ	奄・徳・沖本（固）	危急種	県天然記念物
イシカワガエル	奄・沖本（固）	危急種	県天然記念物
ホルストガエル	沖本（固）	危急種	県天然記念物
昆虫類			
ヤンバルテナガコガネ	山（固）	絶滅危惧種	国天然記念物
クロイワゼミ	沖本・久米島（固）	危急種	

固：固有種　固亜：固有亜種
奄：奄美大島　徳：徳之島　沖本：沖縄本島　山：山原（沖縄本島北部）
（松本，2012；平良・伊藤，1997より作成）

コラム 10.1
小集団化した生物種の絶滅

たとえ食物資源があったとしても，別な原因で，生物種の個体数が小さくなり，ある閾値を越えると急速に絶滅へと向かうと考えられている. とくに島嶼のように生息範囲が狭い場所で絶滅は起こりやすい. なぜ，小集団になると絶滅しやすいのであろうか？　その理由としてあげられている原因として，下記の 3 点がある.

① **近交弱勢**：　これは小集団で**近親交配**を行うようになってしまうと，有害遺伝子の発現などで，体力，環境への耐性，産仔力などといった生活力が減少することをいう.

② **確率的変動**：　個体数の変動幅が相対的に大きくなり，小集団では配偶相手が得にくくなり，子孫を残すチャンスが減る. 雌と雄の性比が偏った場合には，さらにそれに拍車がかかることになる. そして災害や病気などの影響があると，いっきに絶滅へと向かってしまうことになる.

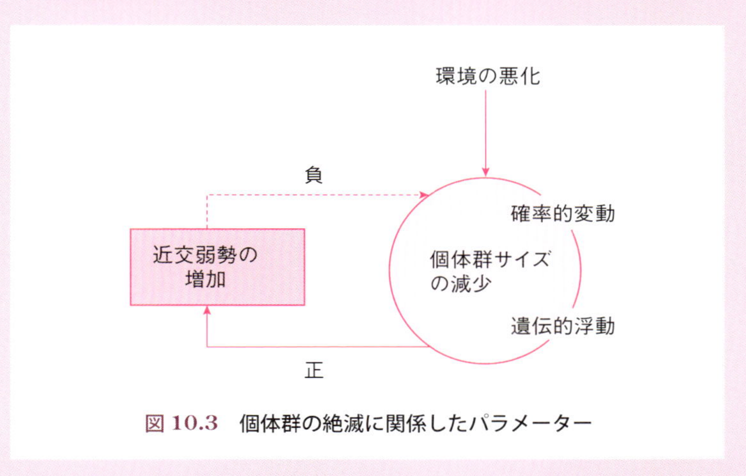

図 10.3　個体群の絶滅に関係したパラメーター

③　**遺伝的浮動**：　これは集団の遺伝子頻度が世代間で偶然に変動することをさしている．小集団の場合は弱有害の突然変異遺伝子が固定化しやすく，自然選択圧に弱くなるが，そのことを指摘した人の名を取って**ライト効果**ともいう．たとえば，集団を構成する生殖可能な個体の数がある期間の世代にわたって減少すると，遺伝的浮動の作用が強くなり，集団中の遺伝的変異の量が減少する．そして，個体数が回復しても，以前のような遺伝子組成に戻れなくなった場合を，**ボトルネック効果**（**びん首効果**）といっている．

地球上のさまざまな生物の分布は，長い進化の歴史を経て形成されているものである．そして，生物種というものはひとたび失われたら決して復活はできない．また，動物園や植物園で残ったとしても，野生に戻すのは至難の業である．そのことの重大さを考えて，これ以上の生物の絶滅をできるだけくい止めたいものである．

10.4　野生動物が絶滅に追い込まれた原因

動物としての「ヒト」は，文明の向上とともに「人間」になったといわれるが，その人間は近代になって実に多数の生物を絶滅に追い込んできた．そのような人間による野生動物の絶滅の原因は，以下の①～⑦の項目に整理することができる．

①　**生息環境全体の喪失**：　なんらかの原因で生息環境そのものを失ってしまえば，生物は生きてはいけない．たとえば，森林や草原を耕作地へと大規模に開発することは，野生生物を根こそぎ絶滅させることになる．

②　**生息条件の悪化**：　たとえ自然地が残ったとしても，生息条件が変わってしまったら，それに適合できない生物もいる．たとえば，森林は周辺部が切り取られれば乾燥化が進んでしまい，それに耐えられない種類が出てくる．

また，森林内に人間が不用意に捨てるゴミや化学物質などは，ときに野生生物に深刻な被害を与える．

③　**生息地の分断化：**　生息地が小さく限定されると，そこから得られる食物資源が減少することになり，動物によっては深刻な影響を受ける．たとえば，あるまとまった広さの自然地が，森林伐採，鉄道や道路の敷設，耕作地や牧場の設定などで，いくつもの小さな自然地に分断されてしまった場合，動物の個体群は複数の小さなものとなってしまう．そして，小さな自然地間での移動ができなければ，小集団間での遺伝子交流が起こらなくなり，それぞれの小集団は絶滅へと向かってしまう．

④　**乱獲や不法捕獲：**　かつては，野生生物は無主物ということで，自由に捕獲されてきた．近世になると，大型動物や鳥類は狩猟ゲームの対象となり，肉，毛皮，角，骨，牙，麝香（じゃこう），卵などを求めて乱獲されてきた．また，美麗な鳥類は剥製や羽飾りなどの対象となった．人間は，少なくなって貴重なもの（高価なもの）になればなるほどそれが欲しくなってくる．そんな人間の欲望からの乱獲が高じて，絶滅した動物は少なくない．

⑤　**外来種による圧力：**　動植物で他所へ移ったとき，そこの在来生物に対して大きな圧力を与えるタイプの種がいる．とくに捕食者がいなかった島嶼で，逃避や防衛行動をとれないように進化した動物は，外来の捕食性哺乳類の圧力に大変弱い．たとえば，人間がもち込んだ野ネコ，野犬，マングース，野ブタ，イタチなどの**外来種**が，世界各地の島嶼で**在来動物**を絶滅に追い込んでいる．捕食者でなくても，野ヤギや野ウサギなど植食者が在来植生に大きな害を与えれば，それに依拠していた在来動物も大きな影響を受ける．

⑥　**病気の伝播：**　ウイルス，バクテリア，原虫などによる伝染性の病気は，それらに免疫をもっていない動物を絶滅に追い込む．たとえば，ハワイにおける固有種の絶滅において，鳥マラリア病が大きく関係していることが，最近わかりつつある．マラリアは，住血胞子虫類のマラリア原虫による伝染病で，イエカやハマダラカが媒介する．他地域の多くの鳥類ではマラリア原虫が検出されているが，免疫力をもっているものも多い．しかし，ハワイなどのように長期間孤立した島嶼で隔離進化していた鳥類においては，マラリア

に対して免疫がなく，人間がもち込んだカによって伝播され絶滅してしまったとの説がある．

⑦　**地球気候の急速な変動：**　人間の産業活動の影響，とくに化石燃料からの二酸化炭素の多量排出による気候変動が進んでいると考えられている．地球全体の温暖化がその典型的な例である．**地球温暖化**に付随して著しい乾燥化を招いた場合は，野火が出やすくなり，植生が貧困となって森林からサバンナへ，サバンナは**砂漠化**を起こし，多くの生物を絶滅に追い込むことになる．アフリカの低緯度地帯，アマゾンの周辺域，オーストラリアなどではこの数十年間でそれらが進行している．

10.5　食物連鎖の上位にいる大型動物の絶滅

大型動物は生息できる面積が狭くなると食物不足になりやすく，他所にさまよい出るか，その中で死んでしまう確率が非常に大きくなる．人間の手による自然環境の改変は，大型動物の生息範囲を分断化し，また，相当程度に狭くしているから，そこからくる大型動物のダメージはきわめて深刻なものとなってくる．

現在の世界には，絶滅の一歩手前まで追いつめられている脊椎動物が多数いる．中でも，ライオン，トラ，パンサー，ジャガー，オオカミ，リカオン，クマといった**大型の捕食者**は世界各地で害獣として徹底して迫害されてきていて，過去の分布地の広がりのことを考えると，現在は見る影もない．あまりの激減ぶりに，今日ではそれらの動物は，多くの国で**自然保護区**の中に厳重に保護されるようになってきているが，それぞれの国は人口が急増し貧困であるので，政情次第では大きく危機に陥ってしまうだろう．

体が大きな動物は，体を維持し，子孫を残していくにはそれだけ多くの食物を必要とするのはいうまでもない．また，捕食者として生活するには運動エネルギーの消費も大きく，生活を維持する上で，栄養価の大きな食物を確保しなければならない．そのため，大型の捕食者は他個体との競争が激しくなり，結果として**縄張り**をもつ傾向が大きい．そして，縄張りの面積は，動物が大型になるほど広くなっている．そのため，まとまった個体数を維持するには，それだけ大きな面積を必要とする．

なお，集団の生存可能な最低限のサイズのことを**MVP**というが，これは英語のMinimum Viable Populationの頭文字部分を取ったものであり，生存可能最少個体数と訳している．個体数がMVPより下回ると回復力が減少してしまい，絶滅へ急速に向かってしまう．大型動物ではMVPは500頭ぐらいといわれている．

10.6　人為による生物相の撹乱

近代の世界では，人為の影響で他地域から生物が侵入するが，それらの中で新しい場所に居着いたものは**外来種**＊10-1とよばれる．世界のあちこちで非常に多数の生物が侵入した結果として，在来の生物相を圧迫する種が出現してしまい，そのために生物多様性が急速に変化しつつある．人為的に導入された野生生物が環境に放出され，そのことからさまざまな悪影響がある場合を，「**外来種問題**」といっている．

外来種といわれると，その語感から海外から入って来た生物のように思われがちだが，現在は国内で他所に導入された種にも使われるようになってきている．たとえば2003年の環境省中央環境審議会では，「国内のある地域から他の地域に導入される生物種についても，自然分布域を越えて導入されるものであるから外来種として取り扱う」としている．わが国土は多数の島嶼からなり，生物によっては島独自の進化をとげているので，その生物相をむやみに撹乱しないために，この視点は重要である．

では，なぜ特定の種が侵入地ではびこってしまうことになるのだろうか？

原因として大きいのは，原産地にいた天敵が侵入地にいない場合である．そのうえで，その外来種が侵入地で生活資源に恵まれれば，旺盛に繁殖することになる．表10.2の両生・爬虫類の例に見られるように，日本では南西諸島と小笠原諸島がとくに該当する例が多い．

＊10-1　移入種・侵入種ともいうが，状況によって使い分けられる．かつては帰化種ともいわれたが，この用語は，今日では使われなくなってきている．

表 10.2　外国から日本に移入し定着した両生・爬虫類

生物種	原産地	日本での定着地
両生類		
ウシガエル	北米	日本各地
オオヒキガエル	中南米	小笠原，大東島，石垣島
シロアゴガエル	東南アジア	沖縄諸島，宮古島
爬虫類		
カミツキガメ	北米	日本各地
ミナミイシガメ	中国・台湾	近畿，沖縄
ミシシッピアカミミガメ	北米	日本各地
グリーンアノール	北米	小笠原，沖縄本島
タイワンスジオ	台湾	沖縄本島
タイワンハブ	台湾	沖縄本島

（松本，2010 より）

コラム 10.2
島嶼における飛べないクイナ類の悲劇

クイナ類はツル目クイナ科の鳥であり，世界中で約 130 種知られているが，絶滅してしまった種や絶滅の危惧にある種が大変多く，すでに，絶滅したクイナの種は 20 種以上にもなっている（表 10.3）．なぜ，クイナ類は絶滅しやすかったのであろうか？　その理由は**絶滅種**や**絶滅危惧種**の生息環境やそれらの生態特性を考えるとわかりやすい．絶滅種や絶滅危惧種は島にすんでいる固有種が多い．

クイナ類には渡りをするものが多くいるが，海洋の島嶼にいるクイナ類は，かつて渡りの途中で島に立ち寄っていたものたちの子孫である．島において一年中餌食物が得られる水辺などを見いだし，そこに居着いた鳥は，長い年月が経つうちに独自の進化を遂げ固有種となったようだ．クイナ類の場合は，島に移住すると飛翔力が弱くなるか失う傾向がとくに強い．多くの捕食性の哺乳類は海を渡ることができないので，多くの島嶼にはそのような捕食性哺乳類が分布していなかった．そのため，クイナ類にとっては飛翔力が退化しても特段の不都合はなかったのである．

それが，人間が移住して生息環境が大きく改変され，しかもネコ，イヌ，ブタ（イノシシ），イタチ，ネズミ，オポッサム，ヘビ類など捕食者が，意図的あるいは非意図的に導入されてしまった．飛べなくなったクイナ類はそれらの**外来捕食者**に弱く，成鳥のみならず卵や幼鳥が捕食され絶滅してしまったと考えられる．また，比較的水辺に生活圏をもち，逃げる場所も少なく，外来捕食者の影響が大きく出たのだが，島が小さいほど影響は大きかったと考えられる．日本の沖縄本島北部に生息しているヤンバルクイナの場合も，ダムや林道の建設で生息域が減り，外来種のマングースや野ネコからの捕食のため個体数が減少して絶滅が危惧されている．

表 10.3　世界の島嶼において絶滅したクイナ類

種名	分布していた島	絶滅推定年	絶滅原因
モーリシャスクイナ	インド洋のモーリシャス島	1700年ころ	狩猟
ロドリゲスクイナ	インド洋のロドリゲス島	1726年	狩猟
ハワイクイナ	北太平洋ハワイ島	1884年	外来動物
レイサンクイナ	ハワイのレイサン島	1944年	外来動物
タヒチクイナ	南太平洋のソシエテ諸島	1935年	外来動物
チャタムクイナ	南太平洋のチャタム諸島	1900年	環境破壊
グアムクイナ	太平洋中部のグアム島	1987年	移入ヘビ
ウェーククイナ	太平洋中部のウェーク島	1945年	日本軍
ナンヨウコクイナ	西太平洋のクサイエ島	1830年	ネズミ

講談社『レッドデータアニマルズ，別巻　絶滅動物一覧（2002）』より作成

10.7　侵略的外来種

現在，多数存在している外来種の中でも，生態系や人間活動へとくに著しく影響を与える種を，**侵略的外来種（侵略種）**という．

考え方によっては，アフリカから出て世界中に拡散した人類は，世界各地の生態系に直接的に大きな影響を与えた**最も侵略的な外来種**であったといえる．たとえば，今から1万数千年前にアジア大陸から南北両アメリカ大陸に人類が拡散した直後の数百年間で，多数の哺乳類が絶滅してしまったことが知られている．その原因として，人類による狩猟および環境改変の影響が大きかったと考えられている．とくに，人類による火の使用は**野火**[*10-2]となって，森林生態系を大規模に改変し，草原や砂漠生態系へと移行させたであろう．また，農耕や牧畜は自然生態系そのものを破壊する行為であった．

今日起こっている侵略的外来種の影響は，人類が行っている“悪行”に比べれば，小さなことかもしれないが，これ以上，地球の自然生態系を撹乱しないためにも，その対策は重要である．

世界の侵略的外来種ワースト100は，国際自然保護連合（IUCN）における種の保全委員会が，そして**日本の侵略的外来種ワースト100**とは，日本

表10.4　日本における侵略的外来種の例

哺乳類	アライグマ，タイワンザル，ヌートリア*，ジャワマングース*
鳥　類	ガビチョウ，ソウシチョウ
爬虫類	カミツキガメ，グリーンアノール，ミシシッピアカミミガメ
両生類	ウシガエル*，オオヒキガエル*，シロアゴガエル
魚　類	オオクチバス*，カダヤシ*，コクチバス，ブルーギル
昆虫類	アメリカシロヒトリ，アルゼンチンアリ*，イエシロアリ*，セイヨウマルハナバチ*
その他	アメリカザリガニ，ウチダザリガニ，セアカゴケグモ*，アフリカマイマイ*，カワヒバリガイ，スクミリンゴガイ*

（*印は世界ワースト100に指定されている）

＊10-2　現在もアフリカ，東南アジア，オーストラリア，南米などでは乾季になると野火が広範に広がる地帯があり，人間による火の管理不始末が野生動物に深刻な影響を与えている．

生態学会が 2002 年に定めた，外来種の中でもとくに生態系や人間活動への影響の著しい種を，それぞれ 100 種リストにしたものである．なお，これらの生物リストはインターネットで環境省が掲示していて，容易に検索することができる．表 10.4 に日本における侵略的外来種の動物の例をあげた．

10.8 外来種の導入手段

外来種の導入は，人間による**意図的な導入**（積極的な導入）と，人為活動に伴った**非意図的な導入**に区別することができる．以下，それらについて説明する．

10.8.1 意図的な導入の理由

古い時代においても，人類の世界拡散にともなって多種の生物が他所へもち込まれたと思われる．そして，それらの外来種は在来の生物相に影響したであろう．象徴的事例としては，南太平洋の島々における，ポリネシア人の移住に伴ってもちこまれたブタ，イヌなどの動物などがいる．また栽培植物が原因となって在来種が圧迫された．具体的には，ハワイ諸島やニュージーランドのように遠く隔離された島々では，多くの固有種が進化したが，ポリネシア人の移住とともに，それらの多くに悪影響が出ている．

18，19 世紀にヨーロッパの列強が海外に多くの植民地を設けた際，故郷の家畜や園芸作物ばかりでなく，多くの野生の動植物を，植民地に意図的に導入したことが知られている．たとえば，英国の植民地であったニュージーランドやオーストラリアでは，スズメ，アカギツネ，イタチ，アカシカ，アナウサギなどが導入された．当初は自然環境にそれらが増えたとしても，まったく問題にしていなかった．むしろ，エキゾチックな動植物ばかりの地域に，遠い故郷の生物が居着いてくれて嬉しかったのであろう．

日本では，古くは中国や朝鮮から，そして明治の開国以後には欧米から多数の生物が導入され，それらが定着している．

このようにして，多数の生物が意図的に他所に導入されたが，その理由を整理すると，下記の①～⑧などがあげられる．

① 経済上の利益目的（食料，材木，肉，毛皮，薬などの採取）

② 農業害虫などに対する生物防除の目的
③ 緑化など環境整備の目的
④ 花粉媒介の効率上昇の目的（花粉媒介昆虫）
⑤ 観賞植物など園芸上の目的
⑥ 感傷的理由で生物種を多様にする目的（故郷の生物移入）
⑦ ペット（哺乳類，鳥類，両生・爬虫類，昆虫類など）
⑧ 在来種の品種改良の目的

このようなことから，日本の都市やその近郊では草本や樹木は外来種の方が在来種よりもずっと多い．動物では，沖縄本島にハブ退治のために導入されたジャワマングース，北海道の湖沼に食用として導入されたウチダザリガニ，全国各地の温泉排水池に導入された食用魚のテラピア，釣り魚としてのオオクチバス，そして，蚊退治のために導入されたカダヤシやグッピーなど，多数の例がある．

10.8.2　非意図的な導入の理由

他所からの意図的な導入種の多くは経済や社会活動の一環であり，特定の場所で使われるか，生息することのみを期待している．しかし，下記の①～⑧などの生物は，人間の意図にかかわりなく，広く自然界に広まってしまった生物である．近代社会では，貿易活動でじつに多くの生物が取引されているが，様々な生物が他所に導入されてしまっている．

① 家畜飼料や牧草に混入した野生草本の種子など
② 園芸植物に随伴した害虫や病原菌など
③ 観賞魚，養殖魚などに随伴した寄生虫など
④ ペットに随伴した寄生虫など
⑤ 芝生や，道路法面などの緑化植物種子に混入した野生草本の種子など
⑥ 動物園での動物に随伴した寄生虫など
⑦ 船や飛行機に紛れこむ，あるいは人間に付着して移動した動物など
⑧ 外洋船が重量調整に使うバラスト水とともに移動した生物など

10.9　外来種による悪影響

外来種が在来の生物相にどのような悪影響を与えるか，その結果として，生態系管理や産業にどう影響しているかをここでは概観する．導入（侵入）した生物が人間生活に悪影響を与える場合はもちろんのこと，在来種と交雑してしまう近縁種などは，**遺伝的撹乱**として問題視されるようになってきている．では，導入種が在来種や環境に与えるそのような悪影響をもう少し細かくみてみよう．それらは，おもに下記の①～④の項目に整理される．

①　**在来種への圧力：**　外来種によって在来種が減少したり，絶滅してしまう場合である．例として，沖縄本島や奄美大島にもち込まれて，在来の貴重種を捕食してしまい危機に追い込んでいるジャワマングースがいる．また，外来種が在来種に対して直接的な捕食という形で被害を与えなくても，生態的地位が似ている動物と競合する例が多く知られている．たとえば，オーストラリアは他の大陸とは早くに隔離したため，生物相が大きく異なり，哺乳類では有袋類が適応放散している．そのような状況の中で，古くアボリジニの祖先がイヌを，そして近世にヨーロッパ人が入植した頃，故郷の多くの動植物を積極的にもち込んだ．それらのうち，オーストラリアに定着したイヌ，キツネ，ネコなどの捕食獣が肉食性の有袋類と競合した．

②　**近縁種との交雑：**　通常，同種であるかどうかは，互いに**交雑**が起こらない，つまり生殖隔離が認定できれば別種とされるが，近縁の場合では他の基準を重んじて別種とされるものがいる．たとえば，ニホンザルとタイワンザルはマカク属のサルであり，両者は交配でき交雑個体には生殖能力があるが，尾の長さが異なり別種とされている．和歌山県や下北半島などにおいて，タイワンザルが動物園から逃げ出し，それがニホンザルと交配するようになっていて，ニホンザル集団の中に**遺伝的撹乱**が起こることが研究者サイドから問題視され，タイワンザルと交雑集団の駆除活動が行われている．

③　**農林業の被害：**　外来種が農林業に被害を与えた例として，オーストラリアにもち込まれたアナウサギが有名である．このウサギは繁殖力が大変強く，牧場の至る所の地中に穴をあけて生息し，羊や牛の食物である牧草を

食べてしまう．そのため，オーストラリア政府は年々駆除に多大な費用をかけている．ウイルス病を感染させて駆除する方法が試みられ成功したかに見えたが，やがてウイルスに耐性をもつ個体が出現し，その効果が小さくなってしまった．日本では，北海道において1993年頃からアライグマが農作物への被害を与えるものとして駆除が開始されている．アライグマはペットとして飼育されていたものが飼いきれなったか，逃亡したものの子孫と思われている．

④　**人間への危害：**　ペットとして飼育されていた動物が飼いきれなくなって自然界に放出されたとき，それらが人間に危害を与える場合がある．そのようなものとして恐れられている生物として，日本ではカミツキガメの例が有名である．このカメは北米から中南米にかけての地域を原産地としていて，甲羅の長さが50センチにも達する大型のカメである．1960年代からペットとしてアメリカから輸入されているが，売り出されるときは幼体で小さく，さほど危険なものではない．そして，頑健で小さな水槽で飼え，餌の食いつきがよいため，成長してかなりの大きさになる個体が出てくる．そうなると，本来の攻撃性がきわめて大きな成体となり，あまりの攻撃性に恐れをなして野外に遺棄されるものが出てくる．そのような由来と思われる個体が日本の各地で発見され，それと知らない人が手を出したりするとかまれたり引っかかれたりして大けがをする場合がある．

あとがき

私は2005年から2014年にかけて放送大学に勤務して生物学関連の授業科目を担当したが，それらは生態学，進化学，動物学などに関係したものである．本書はそれらの教科書中での“動物の生態”に関する部分をピックアップして書き直したものであり，できるだけわかり易く，また興味を引くように著述したつもりである．

私は大学院生の頃から，シロアリ類と家族性ゴキブリ類を研究対象として，アジア，オーストラリア，中南米，アフリカなどの熱帯の国々に毎年のように出かけて，現場での生態を研究してきた．渡航した外国は30数か国となっている．また，日本では亜熱帯の南西諸島や小笠原諸島をフィールドとしてきた．初期のうちの調査は長期間のものであったが，大学に勤務してからは勤務先の事情でいずれの調査も数週間程度の短期であった．しかし回数をかさねて，熱帯で生物を調査する喜びを十分に味わった．本書においてそれらの経験が随所に生きていると評価していただけたら大きな喜びである．

ところで，約50年前，私が大学の理学部生物学科における学生だった頃に，「若い人は進化のことなど軽々しく語るものではない」などと言われる生態学の教授がおられた．そのことを口にした教授に理由を問うと，「進化は遠い過去のことだから，実証的な科学の題材にはふさわしくない．比較するばかりでは意味が無い．学問としての成果があがらない」などと言われた．私はそれを聞いてことさら反発もしなかったが，なにやら，集団遺伝学や系統分類学の同僚に対する邪推的な発言だなと思ったものである．

それから50年の間に分子生物学が驚くべき進展をし，進化の理解にも大きく貢献している．今や生物学のすべての分科において“進化”を念頭においておかねばならないことは明白である．これはわれわれ人間自身の存在の意味を問う上でもあてはまる．また，個々の生物はDNAにおける情報コードをもとにして個体発生しているが，その知見も目覚ましく増えた．そして，個体発生に対して環境がどのように影響しているかも，遺伝子発現のレベルでわかるようになってきた．このような進化と発生，そして生態との関係を課題とする分野（いわゆるエボ・デボ・エコ，すなわち evolution, development, ecology）が最近進展してきている．本書では取り上げることができなかったが，ぜひこの分野にも注目してほしい．なお，この分野の学習には下記の訳本がたいへん役に立つ．

S.B. キャロルら著（上野直人・野地澄晴 監訳）(2003)『DNA から解き明かされる形づくりと進化の不思議』羊土社．

アルマン・マリー・ルロワ著（上野直人 監修）(2006)『ヒトの変異－人体の遺伝的多様性について』みすず書房．

スコット・F. ギルバート，デイビッド・イーベル著（正木進三ら訳）(2012)『生態進化発生学－エコ・エボ・デボの夜明け』東海大学出版会．

参考文献・引用文献

全般的に参照したもの

本書を執筆するにあたっては，私が以前に著した下記の単行本を参照し，それらの“動物の生態”に関係した記述内容および図表を多く引用した．

松本忠夫 (1993)『生態と環境』岩波書店.
松本忠夫・福田正己 編著 (2007)『生物集団と地球環境』放送大学教育振興会.
松本忠夫・星　元紀 編著 (2009)『動物の科学』放送大学教育振興会.
松本忠夫 編著 (2010)『生命環境科学Ⅰ 改訂版』放送大学教育振興会.
松本忠夫・二河成男 編著 (2011)『生物界の変遷 改訂版』放送大学教育振興会.
松本忠夫 編著 (2012)『生物圏の科学』放送大学教育振興会.
松本忠夫・二河成男 (2014a)『初歩からの生物学 改訂新版』放送大学教育振興会.
松本忠夫・二河成男 編著 (2014b)『現代生物科学』放送大学教育振興会.

下記の生物学関係の事典 / 辞典は，本書で出てくる学術用語の意味を知る際に役に立つものである．

巌佐　庸・菊沢喜八郎・松本忠夫 編 (2003)『生態学事典』共立出版.
石川　統ら 編 (2010)『生物学辞典』東京化学同人.
日本進化学会 編 (2012)『進化学事典』共立出版.
上田恵介ら 編 (2013)『行動生物学辞典』東京化学同人.
巌佐　庸ら 編 (2013)『岩波生物学辞典 第5版』岩波書店.

各章の参考文献・引用文献

ここには比較的最近の大きな教科書や信頼のおける科学啓蒙書を載せてある．個々の専門的論文はそれらの文献欄からたどることができる．

1章

スティーブン・ジェイ・グールド（渡辺政隆 訳）(1993)『ワンダフルライフ』早川書房.
サイモン・コンウェイ・モリス（松井孝典 監訳）(1997)『カンブリア紀の怪物たち』講談社.
リチャード・フォーティー（渡辺政隆 訳）(2003)『生命40億年全史』草思社.
佐藤矩行ら著 (2004)『マクロ進化と全生物の系統分類』岩波書店.
アンドリュー・パーカー（渡辺正隆・今西康子 訳）(2006)『眼の誕生』草思社.

Fedonkin, M. A. *et al.* (2007) “The Rise of Animals” Johns Hopkins Univ. Press.
宇佐見義之 (2008)『カンブリア爆発の謎』技術評論社.
P. A. セルデン・J. R. ナッズ（鎮西清高 訳）(2009)『世界の化石遺産』朝倉書店.
土屋　健 (2013)『エディアカラ紀・カンブリア紀の生物』技術評論社.
土屋　健 (2013)『オルドビス紀・シルル紀の生物』技術評論社.

2 章
土肥昭夫ら (1997)『哺乳類の生態学』東京大学出版会.
Pough, F. H. *et al.* (1999)“Vertebrate Life” Prentice Hall International Inc.
疋田　努 (2002)『爬虫類の進化』東京大学出版会.
アラン・フェドゥーシア（黒沢令子 訳）(2004)『鳥の起源と進化』平凡社.
エドウィン・H. コルバートら（田隅本生 訳）(2004)『コルバート・脊椎動物の進化』築地書館.
ピーター・D. ウォード（垂水雄二 訳）(2008)『恐竜はなぜ鳥に進化したのか』文藝春秋.
長谷川政美 (2011)『新図説　動物の起源と進化』八坂書房.
土屋　健 (2014)『デボン紀の生物』技術評論社.
土屋　健 (2014)『石炭紀・ペルム紀の生物』技術評論社.

3 章
松井正文 (1996)『両生類の進化』東京大学出版会.
Pough, F. H. *et al.* (1999)“Vertebrate Life” Prentice Hall International Inc.
カール・ジンマー（渡辺政隆 訳）(2000)『水辺で起きた大進化』早川書房.
佐藤矩行ら (2004)『マクロ進化と全生物の系統分類』岩波書店.
J.A. コイン（塩原通緒 訳）(2010)『進化のなぜを解明する』日経 BP 社.
Willmer, P. *et al.* (2005) “Environmental Physiology of Animals” Blackwell Publishing.
Hall, B. K. ed. (2007) “Fins into Limbs” Chicago Univ. Press.
ニール・シュービン（垂水雄二 訳）(2008)『ヒトのなかの魚，魚のなかのヒト』早川書房.
長谷川政美 (2011)『新図説 動物の起源と進化』八坂書房.
ブライアン・スウィーテク（野中香方子 訳）(2011)『移行化石の発見』文藝春秋.
土屋　健 (2014)『デボン紀の生物』技術評論社.

4 章

Pough, F. H. *et al.* (1999) "Vertebrate Life" Prentice Hall International Inc.

Gullan, P. J., Cranston, P. S. (2000) "The Insects" Blackwell Science.

T. R. パーソンズら（高橋正征ら 監訳）(1996)『生物海洋学』(1 ～ 5) 東海大学出版会.

5 章

ロバート・トリヴァース（中嶋康裕ら 訳）(1991)『生物の社会進化』産業図書.

山岸　宏 (1995)『比較生殖学』東海大学出版会.

チャールズ・ダーウィン（長谷川眞理子 訳）(2000)『人間の進化と性淘汰 (2)』文一総合出版.

アモツ・ザハヴィ，アヴィシャグ・ザハヴィ（大貫昌子 訳）(2001)『生物進化とハンディキャップ原理』白揚社.

長谷川眞理子ら (2006)『行動・生態の進化』岩波書店.

R. フリント（浜本哲郎 訳）(2007)『数値でみる生物学』シュプリンガー・ジャパン.

6 章

Wallace, A. R. (1869) "The Malay Archipelago" Macmillan.

ロバート・トリヴァース（中嶋康裕ら訳）(1991)『生物の社会進化』産業図書.

チャールズ・ダーウィン（長谷川眞理子 訳）(1999)『人間の進化と性淘汰 (1)』文一総合出版.

アモツ・ザハヴィ，アヴィシャグ・ザハヴィ（大貫昌子 訳）(2001)『生物進化とハンディキャップ原理』白揚社.

長谷川眞理子 (2005)『クジャクの雄はなぜ美しい？ 増補改訂版』紀伊國屋書店.

長谷川眞理子ら (2006)『行動・生態の進化』岩波書店.

S. キャマジンら（松本忠夫・三中信宏 訳）(2009)『生物にとって自己組織化とは何か』海游舎.

7 章

W. ヴィックラー（羽田節子 訳）(1970)『擬態』平凡社.

宮田　隆 (1996)『眼が語る生物の進化』岩波書店.

上田恵介 編著 (1999)『擬態―だましあいの進化論 (1)』築地書館.

上田恵介 編著 (1999)『擬態―だましあいの進化論 (2)』築地書館.

アンドリュー・パーカー（渡辺正隆・今西康子 訳）(2006)『眼の誕生』草思社.

藤原晴彦 (2007)『似せてだます擬態の不思議な世界』化学同人.

F. ジョン オドリン・スミーら (2007)『ニッチ構築』共立出版.
松本忠夫・長谷川眞理子 共編 (2007)『生態と環境』培風館.

8 章

松本忠夫・東　正剛 共編 (1993)『社会性昆虫の進化生態学』海游舎.
A. マッケンジーら（岩城英夫 訳）(2001)『生態学キーノート』シュプリンガー・フェアラーク東京.
松本忠夫・長谷川寿一 編著 (2003)『動物の社会行動　遺伝 別冊 16』裳華房.
S. キャマジンら（松本忠夫・三中信宏 訳）(2009)『生物にとって自己組織化とは何か』海游舎.
東　正剛・辻　和希 編著 (2011)『社会性昆虫の進化生物学』海游舎.
松本忠夫ら（武田計測先端知財団 編）(2012)『自己組織化で生まれる秩序』化学同人.

9 章

Terborgh, J. (1992) “Diversity and the Tropical Rain Forest” Scienific American Library.
Cox, C. B., Moore P. D. (2005) “Biogeography” Blackwell Publishing.
Mittermeier, R. A. *et al*. (2010) “Lemurs of Madagascar” 3rd Ed., Conservation International.
長谷川政美 (2011)『新図説 動物の起源と進化』八坂書房.

10 章

鷲谷いづみ・矢原徹一 (1996)『保全生態学入門』文一総合出版.
リチャード B. プリマック・小堀洋美 (1997)『保全生物学のすすめ』文一総合出版.
平良克之・伊藤嘉昭 (1997)『沖縄やんばる 亜熱帯の森』高文研.
Lewin, R., Foley, R. A. (2004) “Principles of Human Evolution” Blackwell Publishing.
海部陽介 (2005)『人類がたどってきた道』日本放送出版協会.
山極寿一 編 (2007)『ヒトはどのようにしてつくられたか』岩波書店.
ドナ・ハート，ロバート W. サスマン（伊藤伸子 訳）(2007)『ヒトは食べられて進化した』化学同人.
ウィリアム・ソウルゼンバーグ（野中香方子 訳）(2010)『捕食者なき世界』文藝春秋.
国立天文台 編 (2013)『環境年表 平成 25・26 年』丸善出版.

索　引

アルファベット

あ

い

う

え

お

か

き

く

け

こ

さ

そ

た

ち

つ

て

と

な

に

ね

の

は

ひ

ふ

へ

ほ

ま・み

む

め

も

や・ゆ

よ

ら

り

れ

ろ

わ

著者略歴

松本忠夫（まつもと ただお）

1943年　東京都に生まれる
1966年　東京都立大学理学部生物学科卒業
1973年　東京都立大学大学院理学研究科博士課程修了
1974年　日本学術振興会奨励研究員
1976年　東京都立大学理学部助手
1981年　東京大学教養学部助教授
1988年　東京大学教養学部教授
1995年　東京大学大学院総合文化研究科教授
2005年　放送大学教養学部教授・東京大学名誉教授
2014年より放送大学客員教授　理学博士

主な著書
「社会性昆虫の生態」（培風館，1983年）
「社会性昆虫の進化生態学」（海游舎，1993年，共編著）
「生物科学入門コース7　生態と環境」（岩波書店，1993年）
「動物の社会行動」（雑誌『生物の科学　遺伝』別冊 No.16）（裳華房，2003年，共編著）
「自己組織化で生まれる秩序」（ケイ・ディー・ネオブック；化学同人（販売），2012年，共著）

新・生命科学シリーズ　動物の生態 ―脊椎動物の進化生態を中心に―

2015 年 2 月 20 日　第 1 版 1 刷発行

検印省略

定価はカバーに表示してあります．

著作者　松本忠夫
発行者　吉野和浩
発行所　東京都千代田区四番町 8－1
電話　03-3262-9166（代）
郵便番号 102-0081
株式会社　裳華房
印刷所　株式会社　真興社
製本所　牧製本印刷株式会社

社団法人
自然科学書協会会員

ISBN 978-4-7853-5862-4